보이는
수학책

머릿속에
그림처럼 펼쳐지는
일상의 모든
수학 원리

$+$
π
$\checkmark$

박만구 지음

보이는 수학책

저 많은 공식들은
어떻게 생겨났고,
어디에 쓰이는 걸까?

아주 간단한 계산부터
인공지능에 쓰이는 수학까지
살아가는 데 꼭 필요한 수학을
누구나 쉽게 배우는 시간

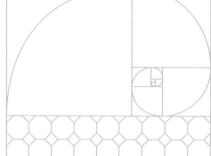

추수밭

우리가 수학을 공부해야 하는 이유

누구나 '수학'을 중요하다고 생각합니다. 하지만 '수학'이라는 말을 듣기만 해도 거부감을 갖는 분들이 있을 것입니다. 또 성인이 된 뒤에는 별로 쓰이는 것 같지도 않은데 이 복잡하고 어려운 수학을 모든 사람들이 배워야 하느냐며 불평을 하는 경우도 있습니다. 하지만 수학은 단순히 입시를 비롯한 시험만을 위한 교과도 아니고 수학을 직접적으로 사용하는 특정 직업에만 필요한 공부도 아닙니다. 수학은 사고의 엔진이며, 누구나 논리적인 생각을 하기 위해서는 수학적인 사고를 할 수 있어야 합니다. 수학은 삶의 다양한 장면에서 비논리적인 오류에 빠지지 않고 현명한 판단을 할 수 있도록 돕습니다. 많은 사람들은 수학이 골치 아픈 과목이라고만 생각하지만, 수학을 잘하면 보다 행복한 삶을 살 수 있게 되는 것입니다.

위 그림이 무엇을 나타낸 것으로 보이나요?

버논M. D. Vernon이라는 학자가 시각적 능력에 관해 설명하면서 제시한 이 그림[1]은 그냥 봐서는 별 의미 없는 그림처럼 보입니다. 하지만 책을 거꾸로 들고 보면 익숙한 그림이라는 것을 금세 알아볼 수 있습니다. 다른 것은 건드리지 않고 단지 방향만 180도 바꿨는데도 생각지도 못했던 강아지 그림이 나타나는 것입니다. 이처럼 어떤 사물이든 우리가 바라보는 시각이나 관점을 달리 해서 보면, 전혀 다른 모습으로 보입니다. 수학도 마찬가지입니다. 바라보는 시각이나 관점에 따라 수학은 얼마든지 지금까지와는 다른 모습으로 보일 수 있습니다.

이 책은 어른이나 학생들에게 초·중·고등학교에서 배우는 수학의 의미를 새롭게 보도록 해서 더욱 넓고 깊은 눈으로 수학을 이해할 수 있도록 하는 내용을 담고 있습니다. 이 책에서 소개하는 내용들은, 어른이 된 학부모들이 학교에서 공부했던 내용을 떠올리면서 '아하, 그런 의미였구나!'라고 그 의미를 새롭게 이해하는 계기가 될 것입니다. 학교에 다닐 때는 그렇게도 잘 이해가 되지 않던 수학을 쉽고 깊게 이해하는 경험을 할 수 있기를 기대합니다.

그래서 이 책을 읽고 나면, 자녀들이 "수학은 왜 배우나요?"라고 물어볼 때 자신있게 답을 해줄 수도 있고, 자녀들의 수학 공부를 효과적으로 도울 수도 있을 것입니다. 이 책에서 다루는 수학의 내용은 여러분들이 이미 학교에서 배운 내용들로, 찬찬히 살펴보면 그리 어려운 내용은 아닙니다.

수학을 배우는 궁극적인 목적은 깨달음에 이르도록 하기 위한 것이라고 생각합니다. 수학을 잘하면, 다양하고 복잡한 가정에 근거해서 논리적인 결론은 무엇이고 옳지 않은 결론은 무엇인지 구별하는 능력이 계발됩니다. 오늘날과 같이 가짜 정보가 넘쳐나는 시대에 거짓에 현혹되지 않도록 하는 데도 쓸모가 있습니다. 인과관계의 논리성을 이해하게 되면, 살면서 만나는 어려운 상황들도 원인에 따른 결과로 납득하게 되면서 삶을 좀 더 편안하게 바라볼 수 있습니다. 세상과 인간에 대한 깊이 있는 이해는 결국 우리를 행복한 삶으로 이끌어 줄 것입니다.

성경에서 말하는 대로 인간이 신의 형상대로 창조되었다면, 인간에게는 신과 같은 잠재적인 지적 능력이 있을 것이라고 생각합니다. 다만 이 능력을 얼마나 또 어떻게 계발하느냐는 각자의 노력에

달려 있을 것입니다. 수학은 지적 능력을 계발하는 좋은 수단이 될 수 있습니다. 나아가 마음을 수련하고 인간의 삶을 더 넓은 관점으로 조망해 볼 수 있는 유용한 경로가 될 것입니다.

아무쪼록 이 책을 통해 수학을 바라보는 눈을 더욱 넓히고, 수학의 중요성을 확인하면서, 수학에서 배운 내용을 어떻게 다양한 삶의 문제에도 적용할 수 있을지 또 그러려면 어떻게 수학을 공부하는 것이 바람직할지 다시 한 번 깨닫게 되기를 바랍니다. 수학에 계속 관심을 가지고 기회가 닿는 대로 몸에 익혀서 부디 현명한 삶, 점점 더 깨달아 가는 삶, 궁극적으로는 행복하고 인간다운 삶을 누릴수 있게 되기를 바랍니다.

2022년 8월

사향골에서

박만구

차례

1부 · 수학으로 몸 풀기

2부 · 수학으로 생각하고 증명하기

3부 · 외우지 않고 수학 공식 이해하기

4부 · 일상에서 수학의 원리 발견하기

5부 · 내가 배운 수학 재미있게 알려주기

1부
수학으로 몸 풀기

왜 수학을 공부해야 할까?

"도대체 이 어려운 수학을 배워서 어디에 쓰나요?"라는 질문을 학생들이 선생님에게 또는 부모님에게 하는 경우가 있습니다. 이런 질문을 받으면 뭐라고 답을 해 주어야 할까요?

가끔은 선생님들도 이에 대한 적절한 답을 하기가 난감할 때가 있습니다. 제가 아는 교수님도 자녀가 초등학교 4학년인데, 아이에게 수학을 열심히 공부해야 한다고 하니 "아빠, 수학을 왜 열심히 공부해야 하나요?"라고 반문하면서 납득이 되는 답을 해 주면 열심히 수학을 공부하겠다고 했다고 합니다. 그런데 윤리를 전공하신 그 교수님은 적당한 답을 찾지 못했다면서 어찌 대답하면 좋을지 물어본 적이 있습니다.

아마도 가장 현실적인 답은, 수학은 잘하는 친구와 그렇지 못한 친구들 사이에 성적의 차가 가장 많이 나는 과목이기 때문에, 열심히 해야 다른 친구들보다 대학에 갈 때 더 유리한 입장에서 선호하는 대학에 갈 수 있다고 말하는 것일 터입니다. 이를테면 의사가 되고 싶어 하는 중·고등학교 학생들에게는 수학을 잘해야만 의대를 갈 수 있고 그래야 의사가 될 수 있다고 말할 수도 있을 것입니다. 하지만 이런 대답은 수학 실력이 뒤처지거나 의사가 되고 싶지 않은 학생들에게는 설득력이 떨어질 것입니다. 가장 초보적인 대답으로, 물건을 사러 가게에 가서 값을 잘 치르려면 계산을 할 줄 알아야 한다거나, 상대적으로 싼 가격으로 물건을 사려면 용량이 다른 상품들의 가격을 비교할 줄 알아야 하니 수학을 잘해야 한다고 말하기도 합니다. 그런데 이렇게 대답을 하면 아마도 아이가 "그런 정도를 알기 위해서 굳이 골치 아픈 수학을 배우나요? 계산기로 계산하면 되지요"라고 반박할 것입니다.

"수학을 왜 배우나요?"라는 질문은 오래 전부터 수학을 배우는 학생들로부터 제기된 질문입니다. 수학을 그저 계산을 하기 위한 학문이라고 보면 납득할 만한 답을 하기 쉽지 않습니다. 학부모님들 중에는 수학을 '산수算數'라고 하던 시절에 초등학교(당시엔 국민학교)를 다니신 분들도 있을 것입니다. 그래서 초등 수학은 계산하는 과목이라는 생각을 많이 하게 된 것 같습니다. 물론 초·중·고등학교 수학에서 계산이 차지하는 비중이 가장 높기도 합니다. 그러나 이는 보다 고급의 수학을 배우기 위한 기초 작업이라고 할 수 있습니다.

수학을 배우는 이유 중 하나는 미리 해보거나 예측하기 어려운 것을 미리 알 수 있도록 한다는 것입니다. 최초의 우주인으로 일컬어지는 유리 가가린이 1961년 4월 12일 인류 최초로 우주선에 탔을 때, 우주선이 발사되기 전까지 얼마나 긴장되고 떨렸을까요? 그런데 어떻게 그때까지는 아무도 타본 적이 없는 유인 우주선을 타보겠다는 결정을 할 수 있었을까요? 더 나아가 1969년 7월 16일 닐 암스트롱은 어떻게 최초로 우주선을 타고 먼 거리에 있는 달에 갔다가 올 생각을 할 수 있었을까요? 안전한 비행을 위해 수학자들과 물리학자들은 어떤 힘과 어떤 방향으로 우주선을 발사했을 때 그것이 어떤 궤도를 돌다가 어떤 각도로 지구로 귀환하게 될지 모두 미리 계산을 합니다. 암스트롱도 그 계산을 신뢰했기에 어느 정도 확신을 가지고 모험을 감행할 수 있었을 것입니다. 모두 수학의 힘이 없이는 불가능한 일입니다.

제가 고등학교에 다니던 1980년 초에 단체로 〈타워링〉이라는 영화를 본 적이 있습니다. 그때는 선생님이 학생들을 데리고 단체로 영화관에 가기도 했었지요. 이 영화는 미국 샌프란시스코에 있는 138층짜리 초고층 건물의 81층에서 불이 나면서 벌어지는 재난을 그린 영화입니다. 불이 위층으로 계속 번져 가는데, 워낙 고층이라 소방차의 호스도 닿지 않습니다. 건물은 온통 불로 휩싸이게 되고, 건물을 설계한 사람은 최상층에 있는 물탱크를 터뜨려 불을 끄는 것을 최후의 방안으로 결정하게 됩니다. 그런데 물탱크를 터뜨리면 건물 자체가 붕괴할 수 있을지도 몰라서, 노 공학자를 불러서 계산을 하는 장면이 나옵니다. 이 노 공학자가 물탱크를 터뜨려도 건물은 붕괴되지 않을 것이라고 예측하고, 그에 따라 물탱크를 폭파시키고 화재를 진압하면서 영화는 끝이 납니다. 이와 같이 수학은 다가오지 않은 미래의 일이나 실제로 실행해 보기 불가능한 일을 직접 해보지 않고도 여러 조건을 고려한 계산을 통해 결과를 예측할 수 있도록 해주는 힘이 있습니다.

수학을 배우는 또다른 중요한 이유는, 생각의 엔진을 단련하기 위해서라고 할 수 있습니다. 사회생활을 하면서 수많은 결정을 해야 하는 사람들은 수학을 사용해서 논리적으로 생각하고 최적의 판단을 내릴 수 있습니다. 우리는 살아가면서 많은 결정을 해야 합니다. 버스를 제 때에 타려면 언제 출발해야 할지, 여행 코스를 어떻게 잡아야 시간과 비용을 가장 적게 사용할 수 있을지 등을 결정해야 하는 경우 수학적인 아이디어를 사용할 수 있습니다. 그리고 지금 집을 사야 하는지 아니면 좀 더 기다려야 하는지 등을 결정할 때도 경기 사이클이나 부동산 가격의 추이 등을 수학적으로 해석해야 손해를 보지 않을 수 있습니다. 또한 정치사회적인 이견을 놓고 토론을 하거나 언쟁을 할 때도 논리적인 사고를 할 수 있어야 상대방을 설득하거나 논쟁에서 이길 수 있습니다. 이와 같이 우리는 살아가면서 크고 작은 수많은 판단과 결정을 해야 하는데, 이때 최적의 결정을 하기 위해 밑바탕에 있어야 할 생각이 다름 아닌 수학인 것입니다.

따라서 어떤 직업을 가지고 살아가든 모든 사람들은 수학을 알아야 합니다.

수학을 배워야 하는 더 근본적인 이유는, 수학이 '진리'와 '깨달음'에 이르도록 돕는다는 것입니다. 성경은 "진리를 알지니 진리가 너희를 자유롭게 하리라"(요한복음 8장 32절)라고 말하고 있습니다. 다른 다양한 해석이 있을 수 있지만, 진리는 어찌 보면 간단한 것입니다. 죄를 범하면 죄의 종(노예)이 되는 것이니 자유로울 수가 없고, 죄를 짓지 않아야 자유로울 수 있다는 것입니다. 이를 알고 죄를 짓지 않도록 하는 것이 진리를 아는 것이고, 어떤 죄를 지은 사람들이라도, 죄를 회개하고 예수를 구원자로 믿으면(이것이 기독교에서 말하는 '진리'지요) 참 자유를 얻게 된다는 것입니다. 죄와 구원, 진리와 자유 사이의 이런 관계성을 이해하도록 하는 것도 논리적이고 수학적인 사고입니다.

이와 비슷한 주장은 '즉문즉설'로 유명한 법륜 스님도 하고 있습니다. 법륜 스님은 자신이 깨친 '깨달음'은 다름 아닌 인과관계를 아는 것이라고 주장합니다. 죄를 지으면 벌을 받는다는 인과관계를 아는 것이 깨달음이라는 것입니다. 일시적으로 잘못 생각해 죄를 짓더라도 죄를 지었으니 벌을 달게 받는 것이 당연하다는 인과관계를 깨치면 마음의 평안을 얻을 수 있다는 것입니다. 마음의 평안과 자유로움을 얻기 위해 우리는 인과관계를 알아야 합니다.

그런데 인과관계를 가장 잘 알도록 하는 학문이 무엇일까요? 바로 수학입니다. 유치원에서부터 대학원에 이르기까지 수학을 공부한다는 것은, 제시된 조건에 맞는 답을 내는 연습을 무수히 되풀이하는 것입니다. 그저 주어지는 조건이 유치원에서는 단순한 형태로부터 대학원에서는 좀 더 복잡한 형태로 달라질 뿐, 논리적인 사고를 기반으로 인과관계를 따져 답을 찾아 나가는 과정이기는 마찬가지입니다.

따라서 수학을 잘하면 논리적인 사고를 할 수 있게 되고, 인과관계를 잘 이해할 수 있게 됩니다. 다시 말해 수학은 모든 생각의 엔진이자 인과관계를 이해해 깨달음에 이르도록 하는 학문입니다. 수학을 잘하면 일정한 가정에 근거해 논리적인 결론을 낸 것과 그렇지 않은 것을 분별할 수 있게 되고 이치에 맞지 않는 거짓에 현혹되지 않을 수 있습니다. 같은 사안을 두고 정반대의 주장이 펼쳐질 때도 그 옳고 그름을 판단하려면 당연히 논리적인 사고를 할 수 있어야 합니다. 그래서 수학을 잘 하게 되면 살면서 어떤 일을 만나든 일희일비하지 않고 마음의 평안을 얻고 궁극적으로는 행복한 삶을 살 수 있습니다.

간단한 계산에도
다양한 해법이?

수학을 배우는 많은 학생들은 수학에는 오직 하나의 답이 있다는 믿음을 가지는 경우가 많습니다. 그런데 수학에서도 개방형 문제 Open-ended question의 경우에는 다양한 답이 가능할 수 있습니다. 그리고 학생들이 수학 학습을 하면서 창의적인 사고를 하도록 답에 이르는 해법을 다양하게 요구하기도 합니다. 간단한 계산식도 다양하게 생각해서 여러 가지 방법으로 계산하도록 할 수 있습니다.

예를 들어 초등학교 2학년 과정에 나오는 두 자리 수끼리의 뺄셈, 61−39를 생각해 보도록 하겠습니다. 이 연산의 경우, 어른들은 일의 자리 수끼리는 뺄 수가 없으니 십의 자리에서 10을 '빌려와서' 계산을 하는 것으로 배웠을 것입니다. 그런데 '빌려온다'는 것은 정확한 말이 아닙니다. 빌려오면 갚아야 하는데 갚지도 않잖습니까!

권장되는 표현은 '받아내림'해 계산한다는 것입니다. 영어권에서는 리그루핑regrouping이라는 표현을 쓰는데, '다시 묶는다'는 의미로 가장 정확한 표현입니다. 이는 십의 자리에서 낱개 10개가 묶인 하나의 묶음을 풀어서 일의 자리로 가져와서 계산을 하는 것을 말합니다.

그런데 요즈음 초등수학에서는 과거의 부모님들이 배우던 일반적인 알고리즘 방식을 쓰기보다는 다양하게 생각해 계산하도록 합니다. 초등학교 2학년이 배우는 두 자리 수의 덧셈과 뺄셈의 간단한 연산에서도 다음과 같이 다양한 계산 방법을 생각해 볼 수 있습니다.

61 − 39

- $61 - 39 = 61 - 40 + 1 = 21 + 1 = 22$

  ↳ 39 대신 40을 뺀 뒤 1을 더하는 계산

- $61 - 39 = 60 + 1 - 39 = 60 - 39 + 1 = 21 + 1 = 22$

  ↳ 61 대신 60으로 생각해 39를 빼고, 남은 1을 더하는 계산

- $61 - 39 = 20 + 41 - 39 = 20 + 2 = 22$

  ↳ 61을 20+41로 생각해서 41에서 39를 뺀 뒤에 20을 더하는 계산

- $61 - 39 = 61 - (41 - 2) = 61 - 41 + 2 = 20 + 2 = 22$

  ↳ 39를 41−2로 생각해서 61에서 41을 빼고 2를 더하는 계산

- $61 - 39 = (20+41) - (41-2) = 20+41-41+2$

  $\quad\quad\quad\quad\ = 20+2 = 22$

  ↳ 61을 20+41로, 39를 41-2로 생각해서 41에서 41을 빼고
  나머지 20에 2를 더하는 방법으로 계산

- $61 - 39 = 22+39-39 = 22$

  ↳ 61을 22+39로 생각해서 39를 빼고 22를 남기는 계산,
  쉽지 않을 수 있지만 수 감각이 있는 학생들은 이렇게도 계산함

- $61 - 39 = (60+1) - (40-1) = 60-40+1+1 = 22$

  ↳ 61을 60+1로, 39를 40-1로 생각해서 60에서 40을 빼고
  나머지 수를 처리하는 계산

- $61 - 39 = (69-8) - 39 = 69-39-8 = 30-8 = 22$

  ↳ 61에 8을 더해 69를 만들어 69에서 39를 뺀 뒤
  그 결과인 30에서 8을 빼는 계산

- $61 - 39 = (70-9) - (40-1) = 70-40-9+1 = 30-9+1$

  $\quad\quad\quad\quad\ = 21+1 = 22$

  ↳ 61 대신 70에서 40을 뺀 뒤에 70-61=9를 빼고
  40-39=1을 더하는 계산

물론 이 방법들 이외에도 다양하게 생각해서 계산할 수 있는 방법은 많습니다. 초등학교 2학년 교과서에서도 21+15라는 두 자리 수의 덧셈을 다음과 같이 여러 가지 방법으로 해결하도록 요구하고 있습니다.

여러 가지 방법으로 덧셈을 해 봅시다.

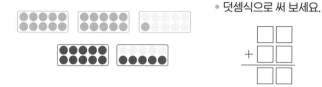

● 덧셈식으로 써 보세요.

● 여러 가지 방법으로 더해 볼까요?

영희: 난 20과 10을 더해서 30을 구하고, 1과 5를 더했어.

영수: 다른 방법을 찾아볼까?

철수: 나는 21과 10을 더해서 31을 구하고 5를 더했어.

실제로 학생들이 수학 문제를 해결하는 방법을 보면 교과서가 제시하는 방법 이외에 다양한 방법을 사용하고 있다는 것을 알 수 있습니다. 제가 지도하는 수학교육 전공 대학원의 학생들은 현직 교사인 경우가 많습니다. 한 강좌에서 어린 아이들이 수학을 어떻게 하는지 관찰해서 발표하는 과제가 있었는데, 한 초등학교 선생님이 1학년 남자아이가 뺄셈하는 방법을 관찰한 내용을 제출한 적이 있습니다.

17 − 8

1학년 아이에게 "17에서 8을 빼면 얼마지?"라고 선생님이 물어보니까 잠시 생각하다가 "9요"라고 답을 했습니다. 선생님이 어떻게 그런 답을 얻었는지 물었더니, 이 아이는 "8에서 7을 빼고 하나 남은 것을 10에서 빼니까 9가 되었어요"라고 답을 했습니다.

이 아이의 뺄셈 방법이 이상한가요? 언뜻 보기에 이 아이는 잘못된 방법으로 계산을 했는데 우연히 정답을 제시한 것처럼 보입니다. 보통은 아래와 같이 세로 형식으로 문제를 쓴 다음 계산을 하게 됩니다.

$$
\begin{array}{r}
17 \\
-8 \\
\hline
\end{array}
$$

일의 자리끼리 뺄 수가 없으니, 십의 자리에서 낱개 10을 가져와서 17에서 8을 뺀다거나 10에서 8을 빼고 남은 2를 7에 더해 9라는 답을 얻는 것입니다. 이런 표준적인 알고리즘에 익숙한 어른들이 보면, 위의 아이가 계산한 방법이 이상해 보이겠지만, 이 아이는 이렇게 생각해서 계산한 것으로 보입니다. 예를 들어 바둑돌 10개 묶음 1개와 낱개 7개가 있는데 여기에서 8개를 제외하는 상황을 생각해 봅시다. 이 아이는 7개에서 8개를 뺄 수 없으니 우선 낱개에서 뺄 수 있는 7개만을 뺐습니다. 즉 8개에서 7개를 뺀 셈입니다. 이제 남은 1개를 10개가 묶인 묶음에서 빼니 9개가 된 것입니다. 아마도 이렇게 생각한 것을 8에서 7을 뺐다고 표현한 것으로 보입니다. 실제로 자연스러운 상태에서 자연수의 덧셈이나 뺄셈을 하라고 하면 많은 아이들이 교과서가 제시하는 표준적인 방법대로 오른쪽에서 왼쪽 방향으로 계산하기보다는 왼쪽에서 오른쪽으로 계산한다는 연구들이 많이 있습니다.

아무튼 아이들에게 수학을 지도할 때는 아이들이 자신의 방법으로 문제를 해결할 수 있도록 하고, 어떻게 풀었는지 물어보면서 아이의 생각을 이해하려고 하는 것이 좋습니다. 어른의 눈으로 볼 때는 이상하거나 틀린 방법도 아이들의 생각으로는 지극히 당연할 수 있고 이 방법들이 맞는 경우가 많이 있습니다. 그리고 문제가 복잡해지면 아이들 스스로 더 편리한 방법을 찾아 나가는 과정에서 어른들이 생각하는 표준적인 방법을 자연스럽게 터득하게 되는 경우가 많습니다. 따라서 자녀의 수학 공부를 도울 때는 자신이 보기에 이상한 방법으로 풀었다고 생각되더라도 먼저 아이가 왜 그렇게 생각했을지를 가늠하면서 아이에게 그렇게 풀어낸 이유를 설명해 보게 하는 것이 좋습니다.

수학교육의 최근 흐름에서는 학생들이 수학 공부를 하면서 자신의 생각을 논리적으로 설명하고 표현representation하고 다른 사람과 의사소통communication하는 것을 중요하게 생각하고 있습니다. 학생들이 수학을 공부할 때는 문제를 잘 풀어 답을 내는 것도 중요하지만, 자신이 알고 있는 것을 적절하게 표현하고 설명하는 능력도 중요합니다. 그리고 다른 사람의 발표를 경청하면서 적절하게 질문하고 논리적으로 적절치 않다고 생각하면 날카롭게 질문하는 능력도 필요하고, 다른 사람으로부터 질문을 받으면 자신의 생각을 논리적으로 주장할 수 있는 능력도 중요합니다. 그래서 초등학교 저학년 아이들이라도 자신의 말로 자기의 생각을 자유롭게 말해 보도록 하는 것이 좋습니다. 물론 학년이 올라가면서 수학적인 용어나 기호를 사용해 좀 더 간결하고 정확하게 표현할 수 있도록 해야겠지요. 학부모들도 자녀들의 수학 공부를 도우려면, 왜 그렇게 되는지 물어보고 그 이유를 자신의 말로 설명해 보도록 함으로써 자녀의 수학적 표현 능력을 길러 줘야 할 필요가 있습니다.

숫자를 가지고 노는
창의적인 계산법

수학이란 주어진 절차나 공식에 따라서 답을 얻는 과목으로, 창의성
을 기르는 것과는 거리가 멀다고 생각할 수도 있습니다. 그런데 수
학은 어떻게 지도하고 배우느냐에 따라 학생들이 창의적인 생각을
하도록 할 수 있습니다. 가장 일반적인 방법은 수학 문제 해결에서
학생들이 가장 많이 사용하는 전략 중의 하나인 '예상하고 확인하
기'입니다. 다음의 예들은 여러 가지 방법으로 예상하고 확인하면서
조건에 맞는 답을 찾아 가는 과정에서 창의성을 기를 수 있는 방법
입니다. 이 문제들은 어른의 입장에서도 생각해 볼 수 있는 문제들
이니 해결 방법을 직접 생각해 보시기 바랍니다.

 4라는 수는 동양에서는 일반적으로 죽을 사死자를 연상시키기
때문에 꺼리는 수입니다. 엘리베이터에 4층을 F로 표시하거니 아예

표시를 안 하는 경우도 있습니다. 그런데 수학교육에는 4를 네 번 사용하되 괄호와 사칙연산(+, −, ×, ÷)만으로 여러 가지 수를 만드는 포포스four fours 게임이 있습니다. 미국에서 19세기 말부터 유행한 이 게임은 네 개의 4를 적절한 연산 기호로 연결해서 자연수 1에서 100까지 만드는 것을 목표로 합니다. 보통 0은 제외합니다.

다음은 제가 개발 책임을 맡던 5학년 초등수학 교과서의 자연수의 혼합계산을 학습하는 단원에서 제시하고 있는 문제입니다. 우선 4를 네 개 사용해 1에서 12까지 만드는 방법을 생각해 보시기 바랍니다. 물론 각각의 수를 만드는 방법은 여러 가지가 있을 수 있습니다.

포포스 놀이 규칙을 이용해 1부터 12까지의 수를 만들어 봅시다.

- 모둠별로 1부터 12까지의 수를 나누어 가지고, 그 수를 답으로 하는 식을 나타내 보세요.

$$4 \bigcirc 4 \bigcirc 4 \bigcirc 4 = 1 \qquad 4 \bigcirc 4 \bigcirc 4 \bigcirc 4 = 7$$

$$4 \bigcirc 4 \bigcirc 4 \bigcirc 4 = 2 \qquad 4 \bigcirc 4 \bigcirc 4 \bigcirc 4 = 8$$

$$4 \bigcirc 4 \bigcirc 4 \bigcirc 4 = 3 \qquad 4 \bigcirc 4 \bigcirc 4 \bigcirc 4 = 9$$

$$4 \bigcirc 4 \bigcirc 4 \bigcirc 4 = 4 \qquad 4 \bigcirc 4 \bigcirc 4 \bigcirc 4 = 10$$

$$4 \bigcirc 4 \bigcirc 4 \bigcirc 4 = 5 \qquad 4 \bigcirc 4 \bigcirc 4 \bigcirc 4 = 11$$

$$4 \bigcirc 4 \bigcirc 4 \bigcirc 4 = 6 \qquad 4 \bigcirc 4 \bigcirc 4 \bigcirc 4 = 12$$

이 게임은 여러 가지로 생각하면서 수를 만들어야 하기 때문에 아이들의 창의성을 기르는 데 도움이 되는 활동이라고 할 수 있습니다. 이 연산 문제는 간단하면서도 여러 가지 연산을 적절하게 사용해야 한다는 의미에서 학습자들로 하여금 창의적인 생각을 하도록 합니다. 0에서부터 14까지를 만드는 방법은 아래와 같이 다양하게 있을 수 있습니다(괄호와 사칙연산 외에도 소수점과 제곱근 기호까지 허용했습니다).

$$(4-4)+(4-4)=0$$
$$(4+4)-(4+4)=0$$
$$(4-4)\div(4+4)=0$$
$$(4-4)\times(4-4)=0$$
$$44-44=0$$

$$(4+4)\div(4+4)=1$$
$$(4\times4)\div(4\times4)=1$$
$$(4\div4)+(4-4)=1$$
$$(4\div4)\div(4\div4)=1$$
$$4\div(4+4-4)=1$$
$$44\div44=1$$

$$(4\times4)\div(4+4)=2$$
$$(4\div4)+(4\div4)=2$$
$$4-(4+4)\div4=2$$

$$(4+4+4)\div4=3$$
$$(4\times4-4)\div4=3$$

$$4+(4-4)\times4=4$$
$$4-4+\sqrt{4}+\sqrt{4}=4$$

$$(4\times4+4)\div4=5$$
$$(\sqrt{4}+\sqrt{4})\div4+4=5$$

$$(4+4)\div4+4=6$$

$$4+4-(4\div4)=7$$

$$4+4+4-4=8 \qquad 4+4+4\div4=9$$

$$(4\times4)-4-4=8$$

$$4\times(4+4)\div4=8 \qquad (44-4)\div4=10$$

$$4\div4\times4+4=8 \qquad 4+4+4-\sqrt{4}=10$$

$$4\div4+4\div.4=11 \qquad 4\times(4-4\div4)=12$$

$$\frac{44}{\sqrt{4}\times\sqrt{4}}=11 \qquad (\sqrt{4}+\sqrt{4}+\sqrt{4})\times\sqrt{4}=12$$

$$44\div4+\sqrt{4}=13 \qquad 4\times(4-.4)-.4=14$$

$$4+4+4+\sqrt{4}=14$$

중학교 수준을 넘어서는 방법으로 다음과 같이 11과 13을 만들 수도 있습니다.

$$\frac{4!}{\sqrt{4}}-\frac{4}{4}=11 \qquad 4+\frac{4!+4}{4}=11$$

$$\sqrt{4}\times(4!-\sqrt{4})\div4=11 \qquad 4!-\frac{44}{4}=13$$

초등학교 학생이라면 어려운 수들도 있을 것입니다. 그래서 사용하는 4의 개수를 한 개부터 늘려가면서 생각해 보는 것도 좋을 것입니다. 4를 한 개 사용하여 만들 수 있는 수는 당연하게 4 하나밖에 없습니다. 4를 두 개 사용하면 다음과 같이 다섯 개의 수를 만들 수 있습니다.

$$4-4=0, \quad 4\div4=1, \quad 4+4=8, \quad 4\times4=16, \quad 44$$

세 개의 4를 이용해서 만들 수 있는 수는 매우 많습니다. 작은 수부터 생각해 보면 다음과 같이 생각할 수 있습니다. 물론 다른 방법으로 만들 수도 있을 것입니다.

$(4-4)\div4=0$ $(4\times4)+4=20$

$(4+4)\div4=2$ $(4+4)\times4=32$

$4-4\div4=3$ $44-4=40$

$4+4-4=4$ $44+4=48$

$(4\div4)+4=5$ $4\times4\times4=64$

$44\div4=11$ $44\times4=176$

$(4\times4)-4=12$ 444

물론 초등학교 수준을 넘어서는 수학 기호를 사용한다면, 4를 하나만 사용해도 다음과 같이 다양한 수들을 만들 수 있습니다.

$.4=0.4$

$4\%=0.04$

$\sqrt{4}=2$

$4!=4\times3\times2\times1$

$.\overline{4}=0.444\cdots=\dfrac{4}{9}$

$$\underbrace{\sqrt{\sqrt{\cdots\sqrt{4}}}}_{n}=4^{\left(\frac{1}{2}\right)^{n}}$$

4를 네 개 사용해 수를 만드는 게임의 장점은 학생들에게 자신들의 수준에서 여러 가지 가능성을 생각하면서 다양한 연산을 만들게 한다는 것입니다. 즉 초등학교 저학년부터 고등학교 수준에 이르기까지 누구나 시도해 볼 수 있다는 것입니다. 따라서 이런 활동은 학생들의 창의성을 기르는 데 도움이 됩니다. 혼자서 시도해 볼 수도 있지만 친구들과 경쟁을 하면서 가능하면 빠른 시간 안에 해결해 보도록 하는 것도 좋을 것입니다.

이런 유형의 문제는 영재 선발고사에서도 가끔씩 사용되기도 합니다. 그리고 이런 형태의 변형으로, 1부터 9까지의 자연수 사이에 연산 기호를 넣어 일정한 수, 예를 들면 100을 만들어 보게 하기도 합니다. 다음의 문제를 풀어 보시기 바랍니다.

1에서 9까지의 자연수 사이에 + 또는 − 의 연산 기호를 넣어 100을 만들어 보시오.

1 2 3 4 5 6 7 8 9

100에 가까운 수를 만들려면 두 수를 붙여서 만들 수도 있음을 생각해야 합니다. 가능한 한 가지 방법은 다음과 같습니다. 앞의 세 수를 붙여 123을 만들고, 뒤에 있는 수들을 적절히 조합해 100을 만드는 방법입니다. 즉 4, 5, 6, 7, 8, 9로 23을 만들어야 하는 셈입니다. 그런데 이 수들을 모두 더하면, $4+5+6+7+8+9=39$가 되어

23보다 8이 더 큽니다. 따라서 8을 더하는 대신에 빼면, 다음과 같이 100을 만들 수 있습니다.

$$123 - (4 + 5 + 6 + 7 - 8 + 9)$$
$$= 123 - 4 - 5 - 6 - 7 + 8 - 9 = 100$$

위의 방법 외에도, 다음과 같은 방법들이 알려져 있습니다.

- $12 + 3 - 4 + 5 + 67 + 8 + 9 = 100$
- $123 + 45 - 67 + 8 - 9 = 100$
- $123 + 4 - 5 + 67 - 89 = 100$
- $123 - 45 - 67 + 89 = 100$
- $12 + 3 + 4 + 5 - 6 - 7 + 89 = 100$
- $12 + 3 - 4 + 5 + 67 + 8 + 9 = 100$
- $12 - 3 - 4 + 5 - 6 + 7 + 89 = 100$
- $1 + 23 - 4 + 56 + 7 + 8 + 9 = 100$
- $1 + 23 - 4 + 5 + 6 + 78 - 9 = 100$
- $1 + 2 + 34 - 5 + 67 - 8 + 9 = 100$
- $1 + 2 + 3 - 4 + 5 + 6 + 78 + 9 = 100$

이에 대한 자세한 설명이나 해설은 인터넷 블로그 〈jjycjn's Math

Storehouse)에서 볼 수 있습니다.[1]

이 밖에도 예상하면서 점검하는 해결 방법을 적용할 수 있는 몇 가지 문제들을 더 예시해 보겠습니다.

아래 표에서 0에서 9까지의 자연수 아래에 수를 써 넣되 아래쪽에 써 넣은 수들로 만들어질 열 자리 수에 그 숫자가 몇 번 들어가는지를 나타내도록 적절한 수를 찾아 써 넣어 보시오. 예를 들어 3 아래에 5를 쓴다면, 아래쪽의 열 자리의 수 안에 3이라는 숫자가 다섯 번 들어간다는 의미이다.

0	1	2	3	4	5	6	7	8	9

이 문제를 풀려면 논리적으로 예상을 하고 확인하는 전략을 사용해야 합니다. 어떤 수 아래에 0이 아닌 수를 써 넣으면, 그 수가 최소한 한 번 이상 들어가야 한다는 데 착안하면 0을 많이 써 넣어야 한다는 힌트를 얻을 수 있습니다. 따라서 0이 몇 개 들어가야 해결이 가능한지를 확인하면서 문제의 조건에 맞는지 점검해 보는 방법을 취할 수 있습니다. 답은 다음과 같습니다.

0	1	2	3	4	5	6	7	8	9
6	2	1	0	0	0	1	0	0	0

다음 그림은 각각의 원에 1부터 9까지의 자연수를 하나씩 넣되, 세 개의 원으로 이루어진 삼각형 모양의 세 수에서 아래쪽에 있는 두 수의 합이 위의 수가 되도록 하는 문제입니다. 이 조건에 맞도록 수를 넣어 보시기 바랍니다.

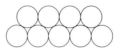

이 문제를 해결하기 위해서도 다양한 가능성을 생각할 수 있습니다. 삼각형 모양의 세 수 중에 아래쪽 두 수의 합이 위쪽의 수가 되어야 하므로, 작은 수인 1과 2가 아랫줄에 배치되어야 합니다. 예상하고 확인하면서 답을 찾아가면 답은 다음 세 가지 경우가 있음을 알 수 있습니다.

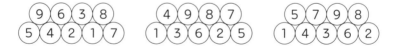

이와 같이 수학적인 문제를 해결할 때는 예상하고 확인하는 전략을 많이 사용하게 됩니다. 물론 예상하는 것도 논리적인 사고를 기반으로 해야 합니다.

이 밖에도 초등학교 교육과정에서 제시하고 있는 문제 해결의 전략으로는 그림 및 도표 그리기, 규칙성 찾기, 표 만들기, 문제 단순화하기, 예상하고 확인하기, 실제로 해 보기, 거꾸로 풀기, 식 세워 해결하기, 관점을 바꾸어 해결하기 등이 있습니다. 수학을 잘하려면 처음 보는 문제를 해결해야 할 때 다양한 전략을 적절하게 활용할 수 있어야 합니다. 이를 위해서는 위에 제시한 다양한 전략을 잘 알고 있어야 할 뿐 아니라 문제를 보고 어떤 전략을 사용해야 하는지 파악할 수 있어야 합니다. 물론 문제를 해결하는 데 정해진 전략은 없습니다. 다만 문제를 읽고 조건을 따져서 어떤 전략을 사용해 해결하는 것이 가장 효과적인지는, 다양한 문제를 해결해 본 경험을 통해 알 수 있습니다.

김연아 선수가 스케이트를 잘 타기 위해 같은 동작을 만 번 이상 연습한 것처럼, 수학을 잘하려면 어느 정도의 반복 연습은 반드시 필요합니다. 스포츠가 신체의 근육을 단련하는 것이라면, 수학은 뇌의 근육을 단련하는 것입니다. 뇌의 근육이 단련이 되면 어떤 수학 문제를 접하더라도 좀 더 유연하게 생각하여 기존에 해결했던 유사한 문제의 전략을 응용해 해결할 수 있는 능력을 가지게 됩니다. 수학의 뇌 근육을 단련하기 위해서는 학생들이 수학을 더욱 즐겁게 꾸준히 풀어 가는 연습을 하도록 격려하고 돕는 것이 중요합니다.

학교에서도 가르쳐주지 않는 곱셈법

학교에서 교과서를 가지고 하는 여러 가지 연산 방법은 표준적인 방법이 대부분입니다. 교과서에서는 지면상 제약이나 수업 중 다루어야 할 내용의 분량으로 인해 모든 연산 방법을 다 다루기가 쉽지 않습니다. 그래서 아주 제한된 연산 알고리즘을 이용한 계산법을 다루는 것이 일반적입니다. 그리고 문제 해결 연구의 대가인 버클리 대학의 앨런 쇤펠트Alan H. Schoenfeld 교수가 지적한 대로, 대부분의 학생들은 수학 문제의 답은 오직 하나이고 해결하는 방법도 제한적이라는 생각을 가지고 있습니다.[2] 다양한 문제를 유연하게 생각하면서 해결하기 위해서는, 학생들로 하여금 수학에 대해 가지고 있는 경직된 생각을 바꾸도록 할 필요가 있습니다. 다양한 방법으로 계산해 보도록 하면, 학생들의 창의성 향상은 물론 연산의 의미를 보다 깊게 이해하도록 하고, 간단한 계산 방법에도 "아, 이런 방법도 있구나!" 하며 호기심을 가지도록 할 수 있을 것입니다. 교과서에서 제시하고 있는 방법 이외에 학생들에게 호기심을 줄 수 있는 곱셈 등의 연산 방법은 다양합니다. 몇 가지를 소개하면 다음과 같습니다.

사각형을 대각선으로 나누어 곱셈하는 방법

23×38의 곱셈을 한다면 그림과 같이 두 수의 각 자리를 곱한 값을 십의 자리와 일의 자리를 구분해서 적고 이를 대각선 방향으로 더한 후, 앞에서부터 쓰면 두 수의 곱이 됩니다. 자릿수가 더 큰 수들의 곱은 당연히 줄과 칸의 수를 늘리면 됩니다. 대각선의 수들의 합이 10 이상인 경우에는 바로 위 자리의 수로 받아올림을 해 더해주면 됩니다. 이렇게 계산하면 되는 이유는 왼쪽으로 한 칸씩 이동한다는 것이 자릿값의 크기가 10배씩이 된다는 것을 의미하기 때문입니다.

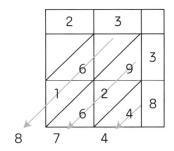

막대를 겹쳐 놓고 교점을 활용하는 곱셈

오래 전 〈스펀지〉라는 방송 프로그램에서 학교로 찾아와 학생들이 이 방법을 사용해 계산하는 광경을 촬영해 재미있게 재구성하여 방영했던 기억이 납니다. 또 이 방법의 원리를 물어보는 문제가 초등 임용고사에 출제되기도 했습니다. 이 방법은 '격자곱셈법'이라고도 하는데, 그림처럼 곱하려는 두 수의 각 자리에 해당하는 수만큼 막대를 엇갈리게 그려 줍니다. 예를 들면 24×32의 계산을 다음과 같이 할 수 있습니다.

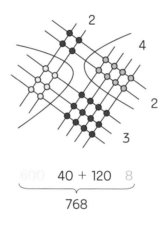

맨 왼쪽의 교점 6개는 십의 자리 수들의 곱인 20×30=600을 의미하고, 맨 오른쪽 8개는 일의 자리 수들의 곱인 2×4=8을 의미합니다. 그리고 가운데 점들은 한 수의 십의 자리와 다른 수의 일의 자리 수를 곱한 값을 나타내는 것으로 20×2=40(위의 4개)

과 30×4=120(아래의 12개)을 나타냅니다. 이 값들을 모두 더하면, 24×32=20×30+20×2+30×4+2×4=600+40+120+8=768이 됩니다.

이 원리를 응용하면 막대가 없어도 두 자리 수끼리의 곱셈을 다음과 같이 할 수 있습니다.

	3	6
×	4	7
3×4	(3×7)+(4×6)	6×7
12	45	42
12	49	2
16	9	2
1	6	9	2

즉 (두 자리 수) × (두 자리 수)에서 맨 앞의 십의 자리 수끼리 곱해 맨 앞자리에, 한 수의 십의 자리와 다른 수의 일의 자리를 교차해서 곱하고 이를 더한 수를 다음 자리에, 마지막 자리에는 일의 자리의 수끼리의 곱을 씁니다. 이렇게 쓰고 10 이상이 나오면 바로 앞자리로 받아올림 해주는 것은 표준 알고리즘과 같습니다.

러시아 농부의 곱셈 방법

이 방법은 러시아의 농부들이 사용했다고 하는데, 이 농부들은 곱셈을 할 줄은 몰랐지만, 어떤 수의 2배인 수를 알 수는 있었습니다. 그래서 12×15를 다음과 같이 계산할 수 있었습니다.

$$
\begin{array}{rrrrr}
& 12 & \times & 1 & = & 12 \\
& 12 & \times & 2 & = & 24 \\
& 12 & \times & 4 & = & 48 \\
+ & 12 & \times & 8 & = & 96 \\
\hline
& 12 & \times & 15 & = & 180
\end{array}
$$

물론 정확하게 몇 배수로 맞아떨어지지 않는 경우는 남는 수를 더해서 구할 수도 있을 것입니다.

두 자리 또는 세 자리 수에 11을 곱하는 간단한 계산 방법

두 자리 수 ab와 11을 곱한 경우, 곱은 a(a+b)b가 됩니다. 예를 들어 12×11나 27×11인 경우 다음과 같이 그 곱을 구할 수 있습니다.

$$
\begin{array}{lllll}
12 \times 11 & \rightarrow & 1 & (1+2) & 2 \\
& & 1 & 3 & 2
\end{array}
$$

$$
\begin{array}{lllll}
27 \times 11 & \rightarrow & 2 & (2+7) & 7 \\
& & 2 & 9 & 7
\end{array}
$$

그 이유는 간단하면서도 당연합니다.

$$(10a + b) \times (10 \times 1 + 1) = 100 \times a + 10 \times (a + b) + b$$

두 자리 수와 11을 곱하는 경우, 결과값의 십의 자리는 곱하려는 두 자리 수의 십의 자리와 일의 자리의 수를 각각 1과 10으로 곱한 값을 더한 것입니다. 따라서 두 자리 수 ab와 11을 곱하면, 그 곱은 a(a+b)b가 됩니다.

그럼 세 자리 수와 11을 곱하면 어떻게 될까요? 세 자리 수 abc와 11을 곱하면, 그 곱은 a(a+b)(b+c)c가 됩니다. 예를 들어 236×11인 경우 다음과 같이 그 곱을 구할 수 있습니다.

$$236 \times 11 \quad \rightarrow \quad 2 \quad (2+3) \quad (3+6) \quad 6$$
$$2 \qquad 5 \qquad 9 \qquad 6$$

그 이유는 다음과 같습니다.

$$(100a + 10b + c) \times (10 \times 1 + 1)$$
$$= 1000 \times a + 100 \times (a+b) \times 10 \times (b+c) + c$$

만약 867×11처럼 받아올림이 있는 경우는 다음 쪽에 보여드리는 순서로 생각하면 됩니다.

이와 같이 간단한 곱셈을 하더라도 다양하게 계산할 수 있음을 알고, 이를 배우는 학생들은 한 가지 방법이 아닌 여러 가지 방법으로 계산해 보는 경험을 가지도록 할 필요가 있습니다. 이런 다양한 방법으로 계산하는 경험은 주어진 알고리즘을 무조건 외우기보다 왜 그렇게 되는지를 생각하도록 자연스럽게 이끌 것입니다. 어떻게

867×11 →	8	(8+6)	(6+7)	7
	8	14	13	7
	8	(14+1)	3	7
	8	15	3	7
	(8+1)	5	3	7
	9	5	3	7

학습하느냐가 수학을 이해하는 데 결정적인 영향을 끼친다는 것을 안다면, 간단한 수학이라도 이를 배울 때 다양한 방법들을 경험해 보도록 할 필요가 있습니다. 그리고 왜 그런 계산 결과가 나오는지도 이해할 수 있어야 할 것입니다.

수의 묶음으로 이해하는 진법

우리가 접하는 수는 대부분 10진법 체계입니다. 십진기수법은 10개 단위로 개수를 묶어서 보다 간결하게 표현하는 체계입니다. 물건을 팔 때도 10개 단위로 묶어서 판매를 하는 경우가 많습니다.

십진법 체계를 익히기 위해, 초등학교 1학년 때는 두 수를 더해 10을 만드는 활동인 '모으기'와 10을 두 수로 나누는 '가르기' 활동을 많이 하도록 하고 있습니다. 이런 활동이 중요한 이유는 초등학교 2학년 때부터 본격적으로 배우게 되는 기본적인 연산인 덧셈과 뺄셈의 계산을 수행하는 데 필수적으로 쓰이기 때문입니다.

$$
\begin{array}{r}
\boxed{13}\\
4\ 6\\
+\ 3\ 7\\
\hline
\end{array}
\qquad
\begin{array}{r}
\boxed{10}\\
5\ 4\\
-\ 2\ 8\\
\hline
\end{array}
$$

46+37을 성공적으로 수행하기 위해서는 일의 자리 수의 합이 6+7=6+(4+3)=10+3=13이 됨을 알아야 합니다. 그리고 일의 자리 수의 합에서 10을 십의 자리로 받아올림을 해서 계산하게 됩니다. 54−28의 경우 일의 자리 수끼리 뺄 수가 없으므로, 십의 자리 수에서 한 묶음인 10을 일의 자리로 받아내림을 해서 계산을 해야 합니다. 그래서 두 수를 더해 10을 만들거나 10을 두 수로 가르는 활동이 중요합니다.

십진기수법은 열 개를 단위로 묶음을 만드는 법칙을 말합니다. 물론 소수의 경우는 1을 열 개의 부분으로 쪼개 나가는 것으로 생각하면 될 것입니다.

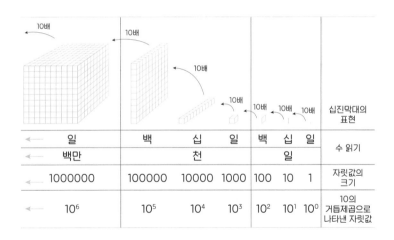

							십진막대의 표현
일	백	십	일	백	십	일	수 읽기
백만	천			일			
1000000	100000	10000	1000	100	10	1	자릿값의 크기
10^6	10^5	10^4	10^3	10^2	10^1	10^0	10의 거듭제곱으로 나타낸 자릿값

유치원 아이들에게 수를 세는 것이 쉬울까요? 그런데 왜 성인들에게는 초등학교 1학년 수학이 쉬울까요? 여러 이유가 있겠지만,

많은 복습을 통해 익숙해졌기 때문일 것입니다. 수학도 다른 신체적인 운동과 마찬가지로 일정한 연습이 필요한 교과입니다. 스케이트나 스키 등을 처음 배울 때는 서 있기도 어렵습니다. 수없이 넘어지고 일어서면서 균형감각을 익히게 되면 조금씩 잘 타게 되고 거의 넘어지지 않게 됩니다. 자전거를 타는 것도 마찬가지입니다. 수학도 이와 같이 넘어지고 일어나기를 반복해야 잘할 수 있습니다.

어린 아이들은 수학을 배우면서 다양한 생각을 합니다. 수학 문제를 해결할 때, 교과서에서 제시하는 방법이나 부모들이 생각하는 방법으로 해결하지 않는 경우도 많습니다. 부모들은 자녀의 자유로운 수학적 사고를 존중하고 이해하려고 노력해야 합니다.

대부분의 교과서에서는 '표준적인 알고리즘'이라고 불리는 다음과 같은 방법으로 뺄셈을 하게 됩니다.

$$
\begin{array}{r}
\overset{10}{\not{1}}\,7 \\
-\quad 8 \\
\hline
\end{array}
$$

즉 일의 자리 수인 7에서 8을 뺄 수가 없으니 10의 자리에서 10을 받아내려서 10에서 8을 빼고 남은 2를 7에 더해 9를 얻을 수 있습니다.

앞에서도 소개를 했던 사례지만, 17−8이라는 문제를 받은 초등학교 1학년 학생이 9라고 정확하게 답을 했는데 선생님이 어떻게 해서 그런 답을 얻었는지 물어보니 "8에서 7을 빼고 하나 남은 것을 10에서 빼니까 9가 되었어요"라고 답을 했습니다.

언뜻 듣기에는 이 아이는 잘못된 방법으로 우연히 답을 얻은 것 같습니다. 아마도 학부모들도 어린 자녀들이 가끔은 이해할 수 없는 방법으로 문제를 해결하는 경우를 마주칠 때가 있을 것입니다. 이런 경우에는 어떻게 해야 하나요? 그렇습니다. 아이에게 어떻게 그런 답을 얻었는지 물어보는 것입니다. 그럼 아이들이 친절하게 설명해 주겠지요!

그런데 주의할 것이 있습니다. 제가 미국 조지아대학에서 박사 과정 공부를 할 때 제 지도교수였던 스테피 Leslie Steffe 교수님은 구성주의로 유명하신 분인데, 아이들과 대화를 할 때는 아이가 어떤 생각을 하게 될지 생각해 봐야 한다고 강조하곤 했습니다. 제가 박사논문 내용을 설명하면서 아이에게 "그래, 어떻게 그런 답을 얻었지?"라고 묻는 내용의 비디오를 보여드렸더니, 그러면 안 된다고 말씀하셨습니다. 그렇게 물어보면 아이는 '어, 내가 잘못 말했나'라고 생각할 것이기 때문입니다. 그래서 이유를 바로 물어보지 말고 그 전에 먼저 칭찬을 하면서 "오, 잘 대답했어. 그런데 어떻게 그런 답을 얻게 되었지?"와 같이 물어야 한다는 것입니다. 여러 학부모님들도 자녀를 지도할 때, 우선은 적극적으로 감탄하고 칭찬한 뒤에 그 이유를 물어보아야 할 것입니다.

예를 들어 앞의 1학년 아이는 바둑돌 10개 묶음과 7개 낱개에서

8개의 낱개를 제하는 장면을 생각했을 것입니다. 이 아이는 낱개끼리는 뺄 수 없으니 제할 수 있는 7개만 제하고 남은 한 개는 10개 묶음에서 제해 9가 되었다고 생각했을 수 있습니다. 이렇게 살펴보니 이 아이의 생각은 지극히 당연한 것이 됩니다. 그러므로 아이의 생각을 어른의 생각으로 이해할 수 없더라도, 어떻게 해결했는지 물어보고 세심하게 귀를 기울여서 이해하도록 노력할 필요가 있다는 것입니다.

이렇듯 아이들의 수학적인 사고는 어른의 수학적인 사고와 매우 다른 경우가 많습니다. 어른들에게는 쉽게 느껴지는 것이 어린 아이들에게는 어렵게 느껴지기도 합니다. 아이들을 지도하는 선생님이나 부모님들은 이런 사실을 알고 있어야 합니다. 여기서는 어린 아이들이 느끼는 수학에 대한 어려움을 간접적으로나마 경험해 보도록 하겠습니다.

우리가 십진기수법이 아닌 12진법을 사용한다고 해 봅시다. 그러면 0, 1, 2, 3, 4, 5, 6, 7, 8, 9 다음에 새로운 숫자 2개가 더 필요합니다. 이 수들을 차례로 D, E라고 써 봅시다. 그러면 아래와 같이 쓸 수 있습니다.

0, 1, 2, 3, 4, 5, 6, 7, 8, 9, D, E

그렇다면 E 다음에는 어떤 수가 오게 될까요? 그렇습니다. "십"이나 "열"이라고 부르지는 않겠지만 "10"이라는 수가 오게 되겠지요.

그럼 이와 같이 계속 써 나가게 될 때, 99 다음에는 어떤 수가 오게 될까요? 바로 쉽게 쓸 수가 있나요? 십진수로 쓸 때처럼 바로 쓰기는 쉽지 않을 것입니다.

0	1	2	3	4	5	6	7	8	9	D	E
10	11	12	13	14	15	16	17	18	19	1D	1E
					⋮						
90	91	92	93	94	95	96	97	96	99	?	?

이렇게 써 보고 나서야, 99 다음에는 9D, 9E, D0, D1, … D9, DD, DE, E0, E1, E2, … E9, ED, EE, 100으로 써 나갈 수 있게 됩니다. 이렇게 수를 1부터 100까지 쓰면 가로로 12개씩 세로로 12줄을 쓰게 되므로 모두 144개의 수를 쓰게 됩니다.

어떻습니까? 생각을 해 가면서 써야 하고 가끔은 혼동스러울 수도 있겠지요? 왜 그럴까요? 처음 써 보는 것이라 익숙하지 않기 때문입니다. 처음 배울 때는 무엇이든 어렵습니다. 자전거를 처음 탈 때는 무섭기도 하고 자주 넘어지기도 합니다. 스케이트를 타는 것도 마찬가지입니다. 노력이 필요한 것이라면 무엇이든 처음 배울 때는 어렵고 실수도 많이 합니다. 그러니 어린 아이들이 수를 쓰는 것도 당연히 혼동스럽고 어려울 것입니다. 반복을 통해 익숙해져야만 합니다. 자전거를 타면서 수없이 넘어졌다가 일어나면서 몸의 조정력이 길러지면 너는 넘어지지 않고 잘 탈 수 있게 되는 것처럼, 수학은 뇌의 근육을 단련해야만 잘 할 수 있는 것입니다. 다만 어떻게 질리지 않고 반복을 하게 하는가가 문제일 뿐입니다.

이런 방법은 십진기수법뿐 아니라 어느 수를 밑$_{base}$으로 해도 마찬가지의 원리가 적용됩니다. 중학교에 가면 진법에 대하여 배우게 됩니다. 예를 들어 5진수를 3진수로 바꾸어 보라는 문제를 해결할 때, 보통은 먼저 5진수를 10진수로 바꾸고 다시 10진수를 3진수로 바꾸게 됩니다. 그런데 이렇게 두 번의 과정을 거치지 않고 바로 바꾸는 방법이 있습니다.

십진수 1243은 말씀드린 대로 아래와 같은 수입니다.

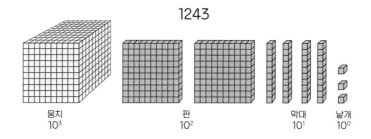

1243

| 뭉치 10^3 | 판 10^2 | 막대 10^1 | 낱개 10^0 |

그러면 $23_{(5)}$은 어떻게 나타낼 수 있을까요? 다음과 같이 나타낼 수 있을 것입니다.

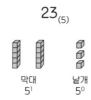

$23_{(5)}$

| 막대 5^1 | 낱개 5^0 |

3진수로 바꾼다는 것은 3개를 한 묶음으로 묶는 체계입니다. 따라서 다음과 같이 3개씩 묶어 주는 상황을 생각할 수 있습니다. 가로와 세로가 각각 3인 정사각형 모양(3^2)이 3개 모이면 각 모서리의 길이가 3인 정육면체 모양(3^3)이 됩니다. 즉 십진법이 10개 단위로 묶어가면서 10개 묶음이 되면 그 다음 단위가 되는 수의 구조인 것처럼, 3진수는 3개 단위로 묶어가면서 3개 묶음이 되면 그 다음 단위를 만들어 가는 구조입니다. 원리를 알면 수학은 쉽게 이해가 됩니다.

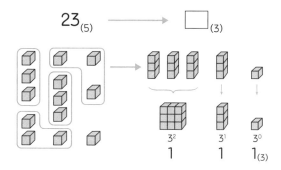

그러면 곱은 어떻게 생각할 수 있을까요? 두 수의 곱은 기하적으로는 직사각형의 넓이를 나타냅니다. 예를 들어 3×2는 가로(또는 세로)가 3이고 세로(또는 가로)가 2인 직사각형의 넓이를 의미합니다. 즉 다음 쪽 그림처럼 한 변의 길이가 1인 단위 정사각형이 몇 개인지를 나타내는 것입니다. 같은 원리로, 직육면체의 부피는 (가로)×(세로)×(높이)가 되는데 이는 한 변의 길이가 1인 단위 정육면체의 개수를 나타냅니다.

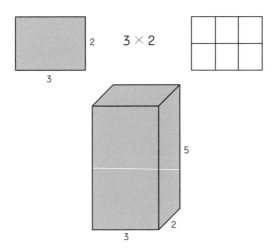

3×2

그러면 이제 $21_{(5)} \times 23_{(5)}$라는 곱셈은, 다음과 같이 가로가 $21_{(5)}$이고 세로가 $23_{(5)}$인 직사각형의 넓이라고 생각해 볼 수 있습니다.

$$21_{(5)} \times 23_{(5)}$$

이 직사각형의 넓이를 이루는 오진 막대를 5개씩 묶어 보면 다음 쪽 그림과 같습니다. 즉 판이 5개, 막대가 3개, 낱개가 3개가 됩니다. 그런데 판이 5개가 되면 이는 정육면체 뭉치가 됩니다. 따라서 $21_{(5)} \times 23_{(5)}$은 $1033_{(5)}$이 됩니다.

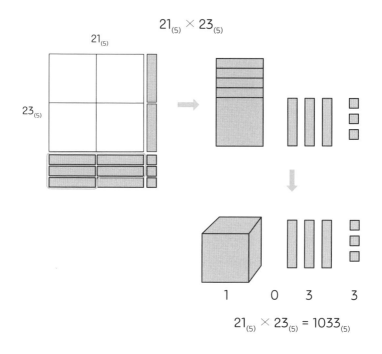

$$21_{(5)} \times 23_{(5)} = 1033_{(5)}$$

 그러면 $1033_{(5)} \div 21_{(5)}$은 어떻게 구할 수 있을까요? 그렇습니다. 나눗셈은 곱셈의 반대로 생각하면 됩니다. 즉 넓이가 $1033_{(5)}$인 직사각형에서 한 변이 $21_{(5)}$일 때, 다른 한 변의 길이를 구하라는 것과 같습니다. 따라서 위의 그림과 같이 그려 보면 몫이 $23_{(5)}$가 된다는 것을 알 수 있습니다.

 중학교 때 어렵게만 느껴지던 진법의 변환을 수학적인 의미를 곱씹으며 들여다보면 쉽게 이해하고 해결할 수 있습니다. 이런 진법이 어디에 쓰일까요? 10개 단위로 묶지 않고 다르게 묶은 것은 모두 다른 진법이 됩니다. 컴퓨터에게 일을 시키는 모든 명령어가 2진법 체계로 되어 있다는 것이 가장 쉽게 떠올릴 수 있는 예입니다. 컴퓨터가 2진법을 쓰는 이유는 신호가 있는 경우를 1로, 없는 경우를 0으로 나타낼 수 있기 때문입니다.

수학 공부를 하면서 지루해하지 않고 반복하게 하려면 원리를 이해하면서 수학을 학습하도록 해야 합니다. 어른들이 보기에는 간단한 것이라도 아이들이 보다 확실하게 이해하도록 돕기 위해 아이들에게 자신이 이해한 것을 자신의 말로 설명하도록 하는 것이 좋습니다. 그리고 너무 어려운 문제보다는 간단한 문제라도 여러 가지 방법으로 해결해 보도록 함으로써 아이들에게 성공 경험을 맛보게 해야 합니다. 그러면 아이들은 좀 더 자신감을 가지게 되고 스스로 수학을 학습하면서 더 튼튼한 기초를 다져 갈 수 있게 됩니다.

우리나라 학생들이 수학에 대해서 가지는 부정적인 태도는 스스로 수학을 공부하는 것을 방해합니다. 그리고 수학을 어떻게 학습하는지에 따라 수학에 대한 태도에도 영향을 미칩니다. 수학에 대한 태도는 초등학교 시기에 결정되는 경우가 많기 때문에, 어린 아이들에게 수학을 지도하는 선생님이나 부모님들은 아이들이 수학적인 원리를 이해하면서 호기심을 가지고 수학을 학습할 수 있도록 도울 필요가 있습니다.

넓이 문제를 푸는
색다른 사고

어떤 수학 문제들은 언뜻 보기에 쉬워 보이는데 막상 풀려고 하면 쉽게 풀리지 않는 경우가 있습니다. 우선 다음 문제를 풀어 보시기 바랍니다.

다음 도형의 둘레의 길이를 구하시오. 단, 선분들은 모두 직각으로 만난다.

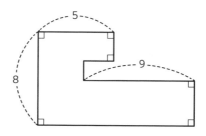

이 문제는 인터넷상에서 떠도는 문제로, 어느 초등학교 3학년 경시대회에 나온 문제와 유사한 것입니다. 물론 초등학교 학생들의 수준에서 해결할 수 있는 문제입니다. 언뜻 보아서는 조건이 부족해 보여서 풀지 못할 것 같기도 하지만, 다음과 같이 생각해 볼 수 있습니다.

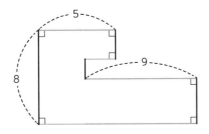

① 검정색 부분의 길이: $8 \times 2 = 16$

② 초록색 부분의 길이: 5

③ 회색 부분의 길이: $9 \times 2 + 5 = 23$

따라서 이 도형의 전체 길이는 $16 + 5 + 23 = 44$가 됩니다.

그렇다면 다음 다각형의 둘레의 길이는 어떻게 구할 수 있을까요? 물론 선분들이 모두 직각으로 만난다는 가정입니다.

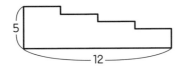

오른쪽 계단처럼 생긴 부분을 이루는 선들을 아래 그림처럼 잘라 직사각형 모양으로 이어 붙이면 하나의 직사각형의 모양과 같아지므로, 여러 번 직각으로 꺾이더라도 직사각형 하나의 둘레의 길이와 같게 됩니다.

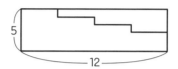

직사각형의 넓이는 쉽게 구할 수 있습니다. 초등학교 5학년에서 배우는 내용으로, 직사각형의 넓이=(가로의 길이)×(세로의 길이)로 구합니다.

가로와 세로의 길이를 곱하면 직사각형의 넓이가 되는 것은, 주어진 직사각형 안에 가로와 세로가 각각 1인 단위 정사각형이 몇 개가 들어가는지를 알아보는 것이기 때문입니다. 그래서 가로로 놓인 단위 정사각형의 개수와 세로로 놓인 단위 정사각형의 개수를 곱해서 전체 개수를 구할 수 있는 것입니다.

그렇다면 다음 그림에서 색칠한 부분의 넓이는 어떻게 될까요?

이 도형 전체의 넓이는 100이 됩니다. 그런데 색칠한 부분은 흩어져 있습니다. 이 흩어진 색칠 부분을 맨 위쪽으로 이동시키면 한 줄 전체가 색칠한 모양이 됩니다. 그러므로 색칠한 부분의 넓이는 전체 넓이의 $\frac{1}{5}$인 20이 됩니다.

이제는 조금 더 생각해 봐야 하는 문제를 보겠습니다. 이런 형식의 문제는 이나바Inaba와 무라카미Murakami가 다양한 형식으로 제시하고 있습니다.[3] 이들이 제시한 문제와 유사한 몇 가지 문제를 살펴보도록 하겠습니다.

다음 색칠한 부분의 넓이를 구해 보세요.

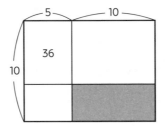

어떻게 구할 수 있을까요? 변의 길이가 5와 10인 직사각형에서 일부분의 넓이가 36으로 주어져 있으니 다음과 같이 차례로 구할 수 있습니다.

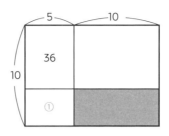

① 부분 직사각형의 넓이 = $5 \times 10 - 36 = 50 - 36 = 14$

① 부분 직사각형의 세로 길이 = 색칠한 부분의 세로 길이

색칠한 부분의 가로 길이 = (① 부분 직사각형의 가로 길이)×2

따라서 색칠한 부분의 넓이 = (① 부분 직사각형의 넓이)×

$2 = 14 \times 2 = 28$

즉 색칠한 부분의 넓이는 28이 됩니다.

다음 문제를 풀어 봅시다.

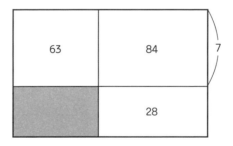

어떻게 색칠한 부분의 넓이를 구할 수 있을까요?

오른쪽의 두 직사각형은 가로의 길이가 같습니다. 그리고 두 직사각형의 넓이는 각각 84와 28이고 84가 28의 3배이므로, 넓이가 84인 직사각형의 세로 길이는 넓이가 28인 직사각형 세로 길이의 3배가 됩니다.

같은 방법으로 왼쪽의 두 직사각형에서 색칠한 부분의 넓이는 63의 $\frac{1}{3}$이 됩니다. 따라서 색칠한 부분의 넓이는 21이 됩니다.

다음 문제는 약간 더 복잡한 문제입니다.

다음 그림에서 각 변을 가리키는 수는 변의 길이로 단위는 cm이고, 각 직사각형 안의 수는 넓이를 나타내는 것으로 단위는 cm²입니다. □ 안에 들어 갈 수는 얼마일까요?

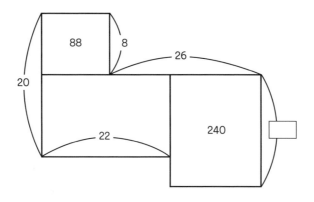

어떻게 맨 오른쪽 직사각형의 세로 길이를 구할 수 있을까요?

하나씩 차례로 풀어 나가 봅시다.

우선 다음 그림과 같이 밖에 보조선을 그어 직사각형을 그려줍니다.

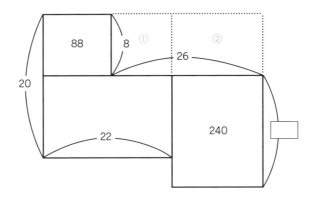

①의 넓이 = $(8 \times 22) - 88 = 88 \ (cm^2)$

②의 넓이 = $(8 \times 26) - 88 = 120 \ (cm^2)$

② 부분의 직사각형의 넓이가 120이고, 세로가 8이므로 가로는 $120 \div 8 = 15$가 됩니다.

그러므로 □ $= 240 \div 15 = 16(cm)$가 됩니다.

다음 쪽 그림과 같이 다른 크기의 정사각형을 조합해 만들 수 있는 직사각형을 '완전 직사각형'이라고 합니다. 스테워트 앤더슨Stuart Anderson은 아래 사례를 포함해 완전 직사각형의 다양한 사례를 분석해서 제시하고 있습니다.[4] 이런 유형의 문제는 대학수학능력시험에도 출제된 석이 있습니다.

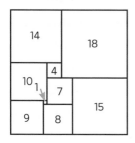 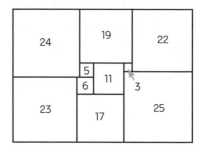

이를 응용하면 황금비를 기반으로 한 넓이도 생각해 볼 수 있습니다. 황금비는 다음과 같은 그림에서 $(a+b):a = a:b$을 만족할 때의 비를 말합니다.

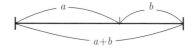

$(a+b):a = a:b$에서

$(a+b) \times b = a^2$

$ab + b^2 = a^2$

($b = 1$이라고 하면) $a^2 - a - 1 = 0$

$a = \dfrac{1+\sqrt{5}}{2} = 1.618033\cdots$

이때 이 비율 $1.618\cdots$을 φ라고 하고 황금비_{Golden Ratio}라고 합니다. 그리고 다음 그림에서 각 정사각형을 이루는 한 변의 길이는 맨 안쪽 0부터 시작하면 0, 1, 1, 2, 3, 5, 8, 13, 21, 34, 55, …가 되어 이어지는 두 수의 합이 그 다음 수가 되는 피보나치 수열 Fibonacci Series 을 이룹니다.

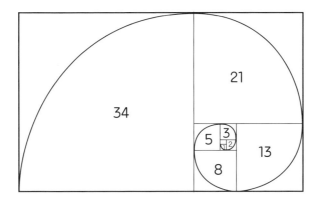

앵무조개나 장미 등 자연에서도 찾아볼 수 있는 이 비율은 그 아름다움 때문에, 모나리자 같은 예술 작품이나 상표 디자인 등에서도 많이 활용됩니다. 이처럼 수학은 자연뿐만 아니라 우리의 삶을 설명하는 언어입니다. 이 언어를 익히게 되면, 이런 언어를 이해하지 못하는 사람들이 보는 세상과는 다른 세상을 볼 수 있게 됩니다. 이 같이 간단한 것부터 시작해서 복잡한 형태도 풀어갈 수 있는 수학의 눈을 가지면 세상을 더욱 넓고 깊게 볼 수 있을 것입니다.

도형을 해부하며
공간 감각을 키우자

학교에서 가르치는 수학은 일반적으로 다섯 개의 영역으로 구분합니다. '수와 연산' 또는 '문자와 식'은 수의 성질과 연산을 다룹니다. '도형' 또는 '기하'는 도형의 정의와 성질을 다룹니다. '측정'은 감각이나 도구 등을 사용해 크기나 양을 재는 것을 다룹니다. '규칙성' 또는 '함수'는 수나 도형 등 모든 규칙과 관련된 부분을 다룹니다. '자료와 가능성' 또는 '확률과 통계'는 자료를 정리해 표현하거나 더 쉽게 이해할 수 있도록 도표나 그래프로 나타내고, 가능성을 따져서 생활에 활용하는 방법을 다룹니다.

그 중에서도 도형 또는 기하 영역은 평면이나 입체도형의 특성이나 성질을 이해하는 것이 중요합니다. 이와 관련된 능력으로는 공간 감각spatial sense 또는 방향 감각orientation sense 등이 있으며, 이런 능력을 알아보기 위해 의학전문대학원 등에서 시험 문제로 출제되기도 합니다.

이것은 초등학교에서 가장 많이 사용하는 교구로 칠교판 또는 탱그램Tangram이라고 합니다. 일곱 조각으로 된 판을 다양하게 배치해 아래와 같이 여러 가지 도형을 만들어 보면서 공간 감각이나 방향 감각을 익히는 학습을 합니다.

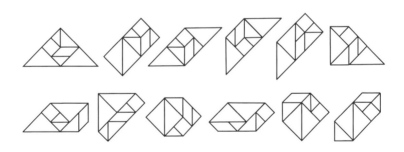

물론 도형뿐 아니라 다양한 모양을 만들어 볼 수도 있습니다. 다음의 모양을 칠교판으로 만들려면 어떻게 배치하면 될까요?

이 모양은 다음과 같이 배치해 만든 것입니다.

다음의 모양들을 어떻게 만들 수 있을지 생각해 보시기 바랍니다.

이것들은 다음과 같이 배치하면 만들 수 있습니다.

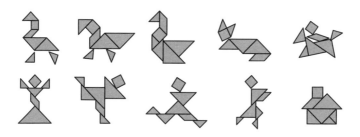

서울 지하철 5호선 김포공항역에서도 많은 탱그램 작품들을 볼 수 있습니다. 이처럼 수학적인 아이디어가 들어가 있는 작품들을 우리 생활 속에서 자주 접할 수 있도록 하면 좋겠습니다.

다음은 주사위를 활용해 공간 감각을 기르는 문제입니다.

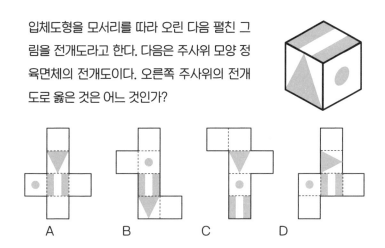

입체도형을 모서리를 따라 오린 다음 펼친 그림을 전개도라고 한다. 다음은 주사위 모양 정육면체의 전개도이다. 오른쪽 주사위의 전개도로 옳은 것은 어느 것인가?

A   B   C   D

정답은 A입니다. 좀 혼동스러울 수는 있지만, 그리 어렵지는 않은 문제입니다. 일반적으로 정육면체의 전개도는 다음 쪽 그림과 같이 11가지가 있습니다.

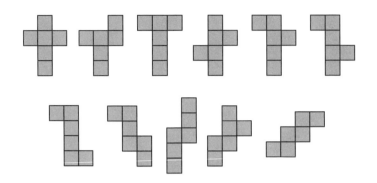

다음은 원기둥의 전개도입니다. 아마도 교과서나 대부분의 참고서에서는 다음 그림과 같이 직사각형의 위 아래에 합동인 원 2개를 그린 전개도를 제시할 것입니다.

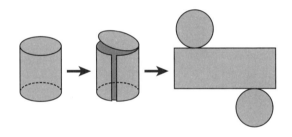

APEC에서 지원 받아 수행하는 수업연구Lesson Study에서 저는 다양한 전개도를 학생들이 만들어 보게 하는 활동으로 수업을 한 적이 있습니다. 제가 두 번 정도 참여한 일본의 수업에서는, 가운데 사각형을 평행사변형으로 만드는 등 학생들 스스로 다양한 방법으로 잘라 만들어 보도록 하여 창의성을 자극하는 활동들을 하고 있는 것이 인상적이었습니다.

다음은 원뿔의 전개도입니다. 물론 원뿔 전개도의 모양은 원뿔이 얼마나 납작한지 뾰족한지에 따라, 즉 원뿔의 중심각의 크기에 따라 다르게 나타날 수 있습니다.

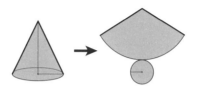

다음은 원뿔의 일부분을 밑면에 평행한 평면으로 자른 원뿔대의 전개도입니다.

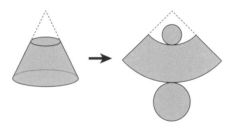

공간 감각과 관련이 있는 문제로는, 입체도형을 여러 방향에서 본 모양을 통해 입체를 알아내도록 하는 것도 있습니다. 다음 쪽에 예시된 것은 초등학생에게도 출제하는 문제로, 이 문제를 풀려면 세 방향에서 본 모양을 조합해서 하나의 입체 모양을 생각하여 만들어 내야 합니다.

다음은 쌓기나무로 쌓은 입체를 세 방향에서 본 모양입니다. 쌓기나무는 몇 개가 필요할까요?

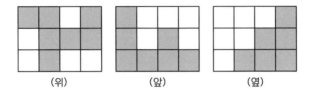

(위)   (앞)   (옆)

이 입체도형은 다음과 같은 모양으로 쌓기나무 조각은 모두 10개가 필요합니다.

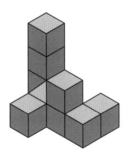

이 문제를 약간 변형하면, 두 방향에서 본 모양만을 제시하고, 최대 몇 개이고 최소 몇 개가 되는지를 물어볼 수도 있습니다. 이는 초등학교 경시 수준에서 출제되는 경우도 있습니다. 한번 생각해 보시지요.

다음은 쌓기나무로 쌓은 모양을 앞과 옆에서 본 모양입니다. 가장 적은 쌓기나무로 쌓는 경우는 몇 개가 필요하고, 가장 많은 쌓기나무로 쌓는 경우는 몇 개가 필요할까요?

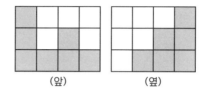

(앞)　　　　　(옆)

이 문제에서는 앞에서 본 모양과 옆에서 본 모양만을 제시하고 있습니다. 그러므로 앞과 옆의 두 방향에서 본 모양을 바꾸지 않고 위에서 본 모양을 다양하게 생각하면서 쌓기나무를 쌓는 여러 경우들을 찾아야 합니다.

최소의 쌓기나무로 만들 수 있는 경우는 다음과 같이 쌓은 것으로 모두 7개의 쌓기나무가 필요합니다.

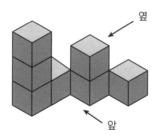

옆

앞

최대의 쌓기나무로 만들 수 있는 경우는 다음과 같이 1층을 모두 쌓기나무로 채운 경우로 모두 17개의 쌓기나무가 필요합니다.

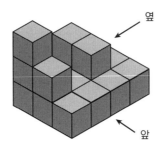

그리고 같은 문제에 대해 쌓기나무를 더 채워서 정육면체를 만들려면 몇 개의 쌓기나무가 필요한지 구하라는 문제를 제시하기도 합니다. 입체도형의 모양을 정확히 생각할 수 있으면 그리 어렵지 않게 구할 수 있습니다.

이번에는 정육면체를 여러 방향에서 평면으로 자른 단면의 모양을 생각해 보겠습니다. 이는 입체도형의 특성을 이해할 수 있는 능력을 기르는 가장 기본적인 문제 가운데 하나입니다.

정육면체를 평면으로 자르면, 자르는 방향에 따라 다음 쪽에 예시한 것처럼 여러 단면의 모양이 나올 수 있습니다. 생각보다 다양한 모양이 나타나는 것을 알 수 있습니다.

그러면 각뿔이나 각기둥 같은 입체도형을 자른 단면을 생각해 보시기 바랍니다. 72쪽 위의 그림과 같이 밑면에 평행이거나 수직인 평면으로 자른 단면은 비교적 쉽게 예측할 수 있습니다. 비스듬하게 자르는 경우는 더 복잡할 수 있지만, 직접 잘라보지 않고 알 수 있다면 공간 감각 능력이 좋다고 할 수 있습니다.

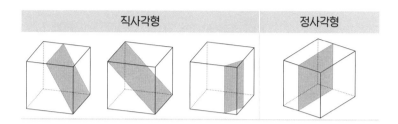

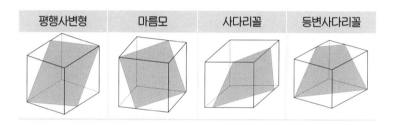

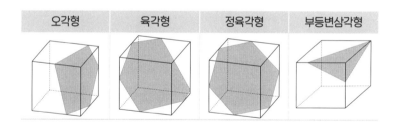

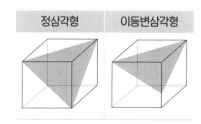

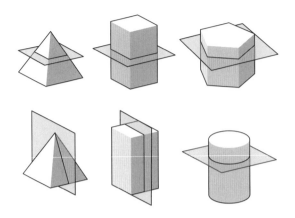

구는 독특하게도, 어떤 방향으로 자르더라도 단면이 크기는 다를 수 있지만 모두 원이 됩니다.

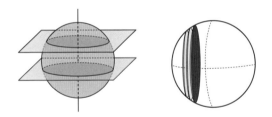

원뿔을 평면으로 자르면 어떤 모양이 될까요? 원뿔을 다음 쪽 그림처럼 자르면 원circle, 타원ellipse, 포물선parabola, 쌍곡선hyperbola 등을 볼 수 있습니다.

요즈음에는 원목으로 된 입체도형을 끈끈이로 붙여 놓고 나무칼로 잘라 보도록 하는 유아 교구들도 있습니다. 이런 교구를 활용하면 어린 아동들에게 입체도형의 특징을 자연스럽게 이해하도록 할

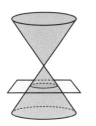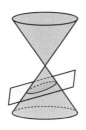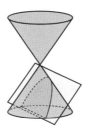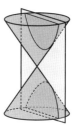

수 있도록 하는 좋은 활동이 됩니다.

　도형의 특징과 성질을 잘 이해하는 것이 수학의 도형 또는 기하 영역에서 익히는 내용입니다. 특히 수술을 하는 의사들이나, 건물의 모양이나 방향을 정확히 인식해야 하는 설계사나 건축가들에게는 입체의 모양과 입체를 평면에 펼친 모양 사이의 관계를 알 수 있는 능력과 입체를 여러 방향에서 보고 전체적인 모양을 정확히 알 수 있는 능력이 필요합니다. 꼭 이런 직업을 가지지 않더라도, 공간 감각을 기르는 것은 우리가 살아가면서 운전을 하거나 거리를 가능한 한 정확하게 어림해야 하는 등의 상황에서 필요한 능력이기도 합니다. 이를 위해 다양한 도형의 방향이나 단면 모양을 예상하면서 공간 감각을 기르도록 할 필요가 있습니다.

자르고 모으면서
도형과 친해지자

수학은 패턴의 학문입니다. 어떤 것이든 패턴화되어 있는 것은 수학으로 표현이 가능합니다. 수학은 복잡한 현상을 간결한 수식으로 표현할 수 있는 강력한 도구를 사용합니다.

주어진 물건을 자르면 몇 개의 영역으로 나누어지는지도 수학적인 아이디어를 이용해서 생각해 볼 수 있습니다. 예를 들어 원을 직선의 개수를 늘려가면서 최대 몇 개의 조각으로 나눌 수 있는지 알아보면 다음 쪽 도표와 같습니다.

나누는 직선의 개수와 나누어진 영역의 개수 사이에 어떤 규칙이 있을까요? 나누어진 영역의 개수는 2, 4, 7, 11, 16, 22, …이고, 이는 각 항의 차가 2, 3, 4, 5, 6, …인 수열을 이룹니다.

자른 직선의 수	자른 모양	나누어진 영역의 수
1		2
2		4
3		7
4		11
5		16
6		22
⋮	⋮	⋮

$$2 \quad 4 \quad 7 \quad 11 \quad 16 \quad 22 \cdots$$
$$+2 \quad +3 \quad +4 \quad +5 \quad +6 \cdots$$

이를 관찰해 보면, 6번째 항은 초항 2에 각 항의 차를 모두 더한 값이 됩니다. 즉 2+(2+3+4+5+6)=22입니다. 그런데 이 식을 변형해 1+(1+2+3+4+5+6)=22라고 쓰면, 1부터 6까지 자연수의 합을 1에 더한 값이라는 것을 알 수 있습니다.

그러므로 이 수열의 n번째 항의 값은 다음과 같습니다.

$$1 + \frac{n(n+1)}{2} = \frac{n^2 + n + 2}{2}$$

이처럼 복잡해 보이는 문제도, 식을 사용하면 간결하게 표현할 수 있습니다.

직선으로 이루어진 도형은 조각으로 잘라서 또 다른 도형으로 변환이 가능하다는 월리스-보야이-거윈 정리Wallace-Bolyai-Gerwien Theorem가 있습니다. 먼저 주어진 도형을 직선으로 자르는 문제를 생각해 보겠습니다. 주어진 도형을 어떻게 넓이가 같게 두 부분으로 나눌 수 있을까요? 다음과 같이 도형을 좀 더 단순한 모양으로 나누어 각 부분의 중심을 연결하는 직선을 그으면 됩니다. 제시된 도형의 경우 두 가지 방법이 가능합니다.

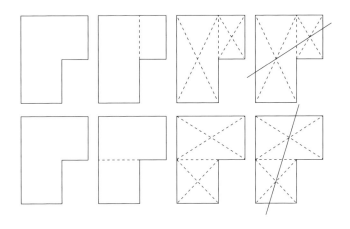

그러면 안쪽에 홈이 있거나 내부가 비어 있는 다음과 같은 도형을 넓이가 같게 두 부분으로 나누려면 어떻게 해야 할까요?

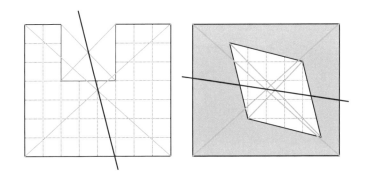

그림에서처럼 도형의 일부분이 들어가 있거나 내부의 일부분이 비어 있는 경우, 전체 도형의 무게중심과 비어 있는 부분의 무게중심을 연결하면 원하는 부분의 넓이를 이등분하는 직선으로 자를 수

있습니다.

다음으로 여러 가지 모양의 도형을 모양과 크기가 같게 4등분하는 문제를 생각해 보겠습니다. 아마도 한 번쯤은 본 도형일 수도 있습니다.

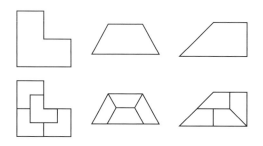

다음은 위 도형을 모양과 크기가 같게 9등분하는 문제입니다.

또 모양과는 상관없이 넓이가 같도록 4등분하되 각 영역이 점하나씩을 포함하도록 하는 문제도 있습니다.

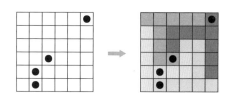

다음은 정육각형을 넓이와는 상관없이 삼각형 4개로 나눠 보겠습니다. 방향이 다른 것은 모두 다른 것으로 간주합니다.

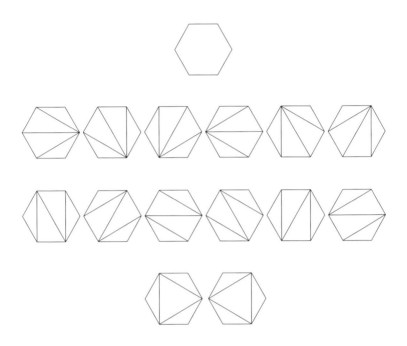

다음은 정삼각형을 잘라서 정사각형으로 변환하는 과정을 보여주는 유명한 문제입니다.

다음은 이런 변환의 잘 알려진 몇 가지 예입니다.[5]

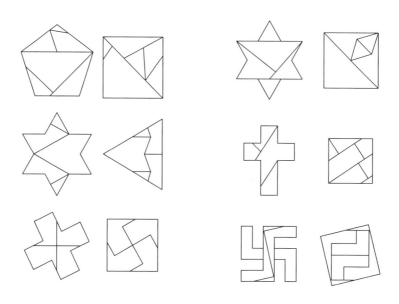

    라치코비츠 Laczkovich 는 원을 한정된 수인 10^{50} 조각으로 나누어 정사각형으로 변환이 가능함을 증명했습니다. 그리고 완만한 모양의 곡선으로 이루어진 모든 도형은 적절하게 나누어 모두 정사각형으로 변환할 수 있다고 주장했습니다.[6] 사실 이런 정도로 잘게 나누면 직관적으로 생각해도 못 만들 것이 없을 것 같습니다. 그러나 이를 수학적으로 증명한다는 것은 수학의 또다른 매력이라고 할 수 있을 것입니다. 다음은 직사각형을 원에 가깝게 변형한 것으로, 아주 거칠게 변형한 것부터 점점 원의 모양에 가까워지도록 한 예입니다.

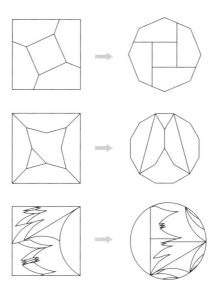

　간단한 형태부터 나누고 결합해 가면서 그 안에서 규칙성을 발견하고, 증명해 가는 과정에 흥미를 가지고 되풀이하다 보면 수학적 사고를 계발할 수 있습니다.

삼각형으로 배우는
수학의 기초

2015년에 개정한 교육과정에서 초등학교 수학은 수와 연산, 도형, 측정, 규칙성, 자료와 가능성 등 5개의 영역으로 나뉩니다. 중학교와 고등학교에서는 수와 연산, 문자와 식, 기하, 확률과 통계, 함수의 5개 영역으로 구분합니다. 그런데 도형 또는 증명하는 부분이 포함된 중·고등학교의 기하 영역은 학생들이 이해하는 데 어려움을 겪는 영역입니다. 그 중에서도 기본이 되는 삼각형의 합동 조건부터 알아보도록 합시다. 일반적으로 합동Congruence은 도형의 모양과 크기가 같은 것을 의미합니다. 수학적으로는 초등학교 5학년 때 "모양과 크기가 같아서 포개었을 때 완전히 겹치는 두 도형"으로 정의하고, 중학교 때부터는 ≡ 와 같은 기호를 사용합니다. 즉 두 삼각형이 합동인 경우 다음과 같이 표시합니다.

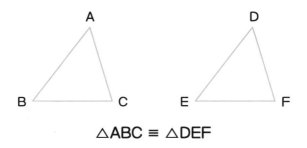

$$\triangle ABC \equiv \triangle DEF$$

이때 기호를 쓰는 순서를 같게 해야 합니다. 즉 대응변이나 대응각이 같도록 동일한 순서로 써야 합니다. 두 삼각형이 합동이 되려면 다음의 세 가지 조건 중 하나를 만족해야만 합니다.

대응하는 세 변의 길이가 각각 같을 때 (SSS합동, S는 변Side을 의미함).	
대응하는 두 변의 길이가 각각 같고, 그 끼인각의 크기가 같을 때 (SAS합동, S는 변, A는 각Angle을 의미함)	
대응하는 한 변의 길이가 같고, 그 양 끝각의 크기가 각각 같을 때 (ASA합동, S는 변, A는 각을 의미함)	

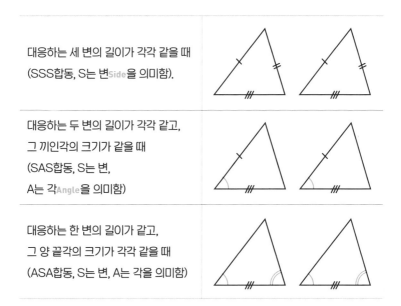

다음으로 두 삼각형의 닮음의 조건을 알아보면 다음과 같습니다. 각 대응변끼리 동일한 닮음비이거나, 두 쌍의 대응변의 길이의 비가 같고 그 끼인각의 크기가 같은 경우이거나, 두 쌍의 대응각의 크기가 각각 같은 경우입니다. 물론 마지막의 경우는 나머지 남은 하나의 각도 같게 됩니다. 이를 정리하면 다음과 같습니다.

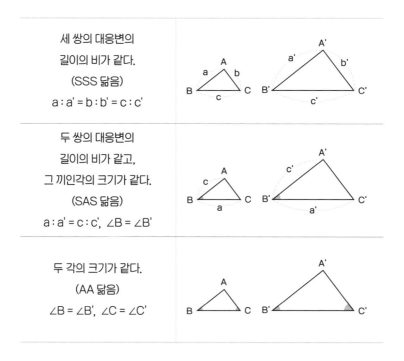

세 쌍의 대응변의 길이의 비가 같다. (SSS 닮음) $a : a' = b : b' = c : c'$	
두 쌍의 대응변의 길이의 비가 같고, 그 끼인각의 크기가 같다. (SAS 닮음) $a : a' = c : c'$, $\angle B = \angle B'$	
두 각의 크기가 같다. (AA 닮음) $\angle B = \angle B'$, $\angle C = \angle C'$	

이런 닮음의 성질을 이용하면 여러 가지 관련 문제들을 해결할 수 있습니다. 주어진 도형에 닮음인 도형을 그리는 방법은 다음과 같이 세 가지 경우가 있습니다.

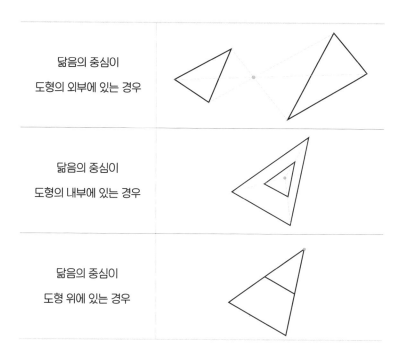

닮음의 중심이 도형의 외부에 있는 경우	
닮음의 중심이 도형의 내부에 있는 경우	
닮음의 중심이 도형 위에 있는 경우	

이번에는 중학교 3학년에서 배우는 피타고라스의 정리를 알아봅시다. 직각삼각형에서는 다음의 관계가 성립하고 이를 피타고라스의 정리라고 합니다.

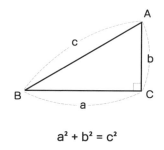

$$a^2 + b^2 = c^2$$

직각삼각형에서 각 변의 길이가 이런 조건을 만족하는 자연수는 $(3, 4, 5)$, $(5, 12, 13)$, $(6, 8, 10)$, $(8, 15, 17)$ ⋯ 등이 있습니다. 피타고라스의 정리를 활용하면 다음과 같은 관계가 성립합니다.

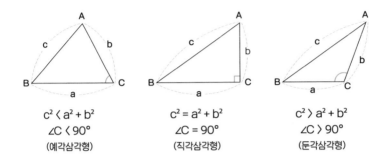

$c^2 < a^2 + b^2$
∠C < 90°
(예각삼각형)

$c^2 = a^2 + b^2$
∠C = 90°
(직각삼각형)

$c^2 > a^2 + b^2$
∠C > 90°
(둔각삼각형)

그런데 직각삼각형에서 이런 관계가 성립한다는 것을 어떻게 알 수 있을까요? 피타고라스 정리를 증명하는 방법은 아주 많은데 가장 널리 활용되는 간단한 방법 두 가지를 알아보도록 하겠습니다. 아마도 여러분도 중학교 때 배웠던 기억이 있을 것입니다.

먼저 피타고라스의 증명이라고 가장 많이 알려진 방법입니다. 다음 쪽의 그림과 같이 주어진 직각삼각형 4개를 붙여 봅니다. 그러면 다음 관계가 성립합니다.

정사각형 ABCD의 넓이
= 직각삼각형 4개의 넓이 + 정사각형 EFGH의 넓이

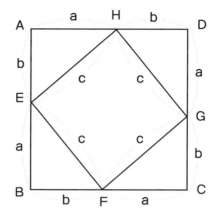

$$(a+b)^2 = 4 \times \frac{1}{2}ab + c^2$$

$$a^2 + 2ab + b^2 = 2ab + c^2$$

$$\therefore\ a^2 + b^2 = c^2$$

다음은 유클리드의 방법이라고 알려진, 등적변형을 이용하는 증명입니다. 다음 쪽의 그림에서 어떤 관계가 성립하는지 살펴봅시다.

- 삼각형 AKC의 넓이 = $\frac{1}{2}$ × 사각형 AKHC의 넓이
- 삼각형 AKC의 넓이 = 삼각형 AKB의 넓이 (밑변의 길이와 높이가 같은 삼각형이므로)

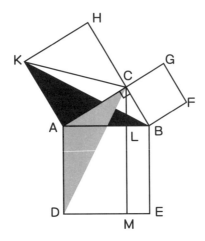

- 삼각형 AKB의 넓이 = 삼각형 ACD의 넓이 (두 삼각형은 SAS합동)

- 삼각형 ACD의 넓이 = 삼각형 ALD의 넓이 (밑변의 길이와 높이
  가 같은 삼각형이므로)

- 따라서 삼각형 ABC의 넓이 = 삼각형 ALD의 넓이(= $\frac{1}{2}$ ×
  사각형 AKHC의 넓이)

- 같은 방법으로 사각형 BFGC의 넓이 = 사각형 BLME의
  넓이

- 그러므로 사각형 ABED의 넓이 = 사각형 AKHC의 넓이 +
  사각형 BLME의 넓이

- 즉 삼각형 ABC에서, $a^2 + b^2 = c^2$ (a와 b는 밑변과 높이, c는 빗변)

시각적으로 나타내는 방법도 있습니다. 다음 그림은 구슬을 활용해서 피타고라스의 정리를 표현한 것입니다.

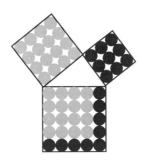

피타고라스 정리는 다양하게 응용할 수 있습니다. 다음 그림에서 반원 P, Q, R의 넓이 사이의 관계를 살펴보겠습니다.

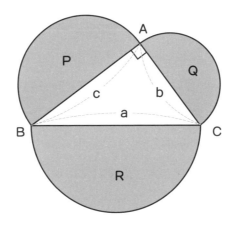

$$R = \frac{1}{2} \times \pi \times (\frac{a}{2})^2 = \frac{1}{8} \pi a^2$$

$$P + Q = \frac{1}{2} \times \pi \times (\frac{c}{2})^2 + \frac{1}{2} \times \pi \times (\frac{b}{2})^2 = \frac{1}{8} \pi (b^2 + c^2)$$

그런데 피타고라스 정리에 따라 $a^2 = b^2 + c^2$ 이므로, $R = P + Q$가 됩니다.

사실 직각삼각형의 각 변에 어떤 모양을 배치하더라도 그 사이에 닮음비가 유지되기만 한다면 그 넓이 사이에 똑같은 관계가 성립합니다. 옆의 그림은 직각삼각형의 각 변에 오리 모양을 얹은 것인데, C의 넓이는 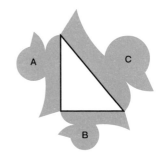 A의 넓이와 B의 넓이의 합과 같습니다.

수학은 이처럼 피타고라스의 정리와 같은 기본적인 아이디어를 기반으로 이를 응용하고 확장하면서 발전해 갑니다.

그래서 수학에서는 기본 개념을 확실하게 이해하는 것이 중요합니다. 초등학교 1학년에서 수학이 어렵다고 말하는 학생들은 많지 않습니다. 그런데 초등학교 4학년 정도가 되면 수학이 어렵다고 생각하거나 수학 공부하는 것을 싫어하는 학생들이 늘어나기 시작합니다. 이는 자신의 수준이나 관심과는 동떨어진 수학을 접하기 때문일 것입니다. 따라서 어린 학생들이 수학 개념을 잘 이해하지 못하면 바로 바로 이해하고 넘어가도록 해야 합니다. 이해하지 못하는 것이 하나둘 쌓이기 시작하면 어느 순간부터 자신은 수학을 잘하지 못하는 사람이라고 생각하고 더 이상의 수학 공부를 포기하게 되기 때문입니다. 수학은 계단을 오르는 것처럼, 간단하고 쉬운 것부터 차근차근 공부하면서 먼저 익힌 지식을 활용해서 점점 복잡하고 깊이 있는 단계로 나아갑니다. 따라서 초등학교 과정의 기본이 되는 수학부터 차근차근 학습해 가도록 할 필요가 있습니다.

2부
수학으로 생각하고
증명하기

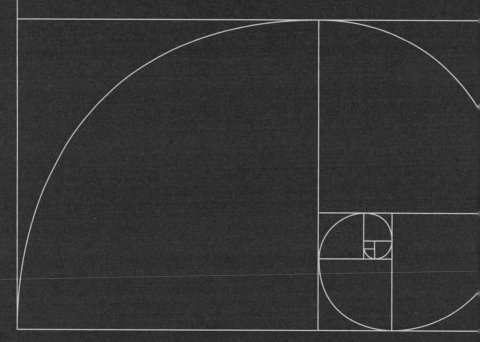

고정관념을 깨면
해법이 보인다

중·고등학교에 가면 여러 가지 증명을 하게 됩니다. 우리나라 국어학의 대가인 양주동 박사의 에피소드는 국어책에도 실려 있을 만큼 널리 알려져 있습니다. 아래와 같이 두 직선이 만나서 이루는 마주보는 두 각을 '맞꼭지각'이라고 합니다.

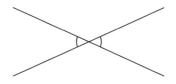

그런데 맞꼭지각이 같다는 것을 증명하라고 하니, 양주동 박사는 속으로 '가위처럼 두 막대를 오므렸다 펼쳤다 하면 당연히 같은 크기가 되는데 왜 증명하라고 하지?'라고 생각했습니다. 하지만 그

는 수학 선생님의 설명을 듣고 큰 충격을 받았습니다. 이미 아시는 분이 많겠지만 그 이유는 다음과 같습니다.

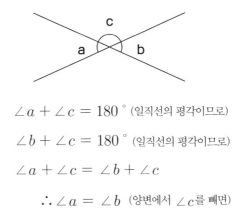

$$\angle a + \angle c = 180\,^\circ \text{ (일직선의 평각이므로)}$$
$$\angle b + \angle c = 180\,^\circ \text{ (일직선의 평각이므로)}$$
$$\angle a + \angle c = \angle b + \angle c$$
$$\therefore \angle a = \angle b \text{ (양변에서 } \angle c \text{를 빼면)}$$

이와 같이 수학은 논리적인 사고를 기반으로 추론을 하는 힘을 가지고 있습니다. 양주동 박사는 논리적인 사고가 외교 관계 등에서도 필요하다고 강조합니다. 상대방이 하는 말을 그저 대충 알아듣고 동의하다 보면, 나라도 빼앗길 수 있다는 것입니다. 수학은 논리적인 사고를 할 수 있도록 돕습니다. 우리는 논리적인 사고를 통해 바른 판단을 할 수 있습니다.

위의 증명은 삼각형의 내각의 합은 180°임을 증명하는 방법과도 유사한 부분이 있습니다. 이는 초등학교에서도 다루는 초보적인 증명으로, 세 각을 잘라서 붙이거나 접어서 붙여 보는 조작 활동을 통해 삼각형의 세 내각의 합이 180°임을 설명합니다.

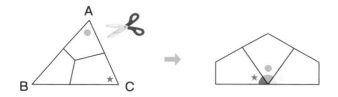

잘라서 붙이는 대신 아래와 같이 접어서 붙여도 됩니다.

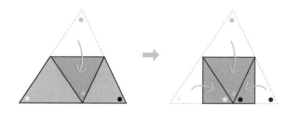

중학교에 가면 동위각과 엇각의 성질을 이용해 아래 그림과 같이 증명하게 됩니다. 변 AB에 평행한 선 CE를 그으면, $\angle ABC = \angle ECD$ (동위각), $\angle BAC = \angle ACE$ (엇각)이 됩니다.

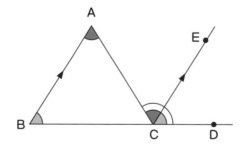

이는 또한 삼각형의 외각의 크기가 이웃하지 않는 두 내각의 크기의 합과 같음을 증명한 셈이기도 합니다.

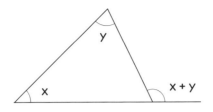

다른 방법으로는, 삼각형의 밑변에 평행하고 꼭짓점을 지나는 선을 그어 증명할 수도 있습니다.

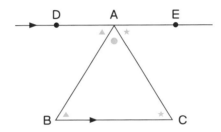

그림과 같이 꼭짓점 A를 지나면서 밑변 BC에 평행한 평행선 DE를 그으면,

$\angle ABC = \angle DAB$ (엇각)

$\angle ACB = \angle EAC$ (엇각)

따라서 삼각형의 내각의 합은 $180°$가 됩니다.

중학교에서 배우는 가장 기본적인 증명에는 이등변삼각형에서 두 밑각의 크기가 같음을 증명하는 것도 있습니다. 최근에는 딱딱하게 들리는 '증명'이라는 용어 대신 "그 이유를 설명하라" 등으로 묻기도 합니다. 대표적으로 다음과 같은 두 가지 방법이 있습니다.

가정	△ABC에서 $\overline{AB} = \overline{AC}$	
결론	△ABC에서 ∠B = ∠C	
증명1 (SSS합동 활용)	꼭짓점 A에서 변 BC의 중점 D에 수선을 내리면, △ABD와 △ACD에서 $\overline{AB} = \overline{AC}$, $\overline{BD} = \overline{CD}$이고 $\overline{AD}$는 공통이므로, △ABD ≡ △ACD (SSS합동) ∴ ∠B = ∠C	
증명2 (SAS합동 활용)	∠A의 이등분선과 변 BC와 만나는 점을 D라고 하면, △ABD와 △ACD에서 $\overline{AB} = \overline{AC}$, ∠BAD = ∠CAD이고 $\overline{AD}$는 공통이므로, △ABD ≡ △ACD (SAS합동) ∴ ∠B = ∠C	

수학교육에서 문제 해결의 아버지라고 불리는 포여 죄르지Pólya György는《문제를 어떻게 해결할 것인가》에서 처음 보는 수학문제를 어떻게 풀 수 있는지 체계적인 접근법을 제시하고 있습니다.[1] 이 책

의 뒷부분에서는 여러 가지 문제를 제시하기도 했는데, 그중 첫번째 문제는 아래와 같습니다.

어떤 여행자가 자신이 있는 곳에서 남쪽으로 1마일을 간 후 왼쪽으로 90° 돌아 동쪽으로 1마일 갔다. 그리고 다시 왼쪽으로 90° 돌아 북쪽으로 1마일 갔더니 원래 출발했던 지점에 도착했다. 그곳에서 곰을 만났다면, 그 곰은 무슨 색인가?

이 문제는 언뜻 보면 수학 문제 같아 보이지 않습니다. 왜 포여는 이 문제를 제시했을까요? 아마도 문제를 해결할 때, 우리가 평면에서만 생각하는 고정된 사고에 매몰되면 안 된다는 것을 말하고 싶어서일 것입니다. 이 문제는 평면에서 생각하면 풀 수가 없기 때문입니다.

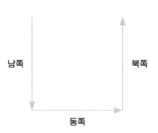

하지만 지구와 같은 구를 생각하면, 북극점 지역을 떠올릴 수 있습니다.

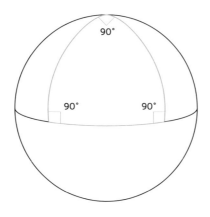

사실 조금 더 생각해 보면, 남극점 부근에서도 가능하다는 것을 알 수 있습니다.

그런데 곰은 북극에서 만날 수 있으므로, 곰의 색깔은 흰색이라는 답을 낼 수 있습니다.

이렇게 고정된 틀을 깨야만 해결할 수 있는 문제로는 다음과 같은 것도 있습니다.

아래의 9개의 점이 모두 연결되도록 4개의 선분을 그어 보시오.

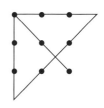

한번 시도해 보시지요? 아마 답을 찾기 어려울 것입니다. 하지만 선분을 점 밖으로 벗어나게 그리면 가능할지도 모릅니다. 바로 옆의 그림과 같이 그으면 됩니다. 9개의 점 안에서만 생각하면 절대로 해결할 수 없습니다.

더 나아가 3개의 선분만으로 연결해 보라고 하면 가능할까요? 이것도 우리의 고정관념을 깨는 해법이 있을 수 있습니다. 아래와 같이 연결하면 가능합니다. 단 선분의 길이가 매우 길어야 합니다!

더 나아가 선분 한 개로 9개의 점을 모두 연결해 보라고 할 수도 있습니다. 불가능할 것 같습니다. 굳이 궁리하자면 나음과 같은 답을 제시할지도 모릅니다.

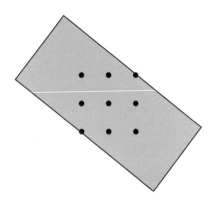

　하지만 수학에서 점, 선 등은 '넓이가 없는 것'으로 정의하기 때문에, 이 해법에는 무리가 있습니다. 그래도 생각해 볼 수 있는 가능성 중의 하나이기는 할 것입니다. 좀더 궁리해 보면, 다음과 같이 비스듬하게 종이를 말면 하나의 직선으로도 연결이 가능하다는 답을 얻을 수도 있습니다.

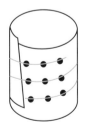

그래서 영어권 국가에서는 문제를 해결할 때, "Think out of the box(상자 밖으로 나와서 생각하라)!"라는 말로 창의적인 생각을 강조하는 경우가 많이 있습니다. 위에서 언급했듯 포여가 평면에서만 생각하는 우리의 고정관념을 깨기 위해 '곰의 색'을 물어보는 문제를 제시한 것도 같은 맥락입니다. 새로운 생각을 하려면 기존의 내가 가지고 있는 생각의 틀을 벗어나서 생각해 볼 수 있어야 합니다. 이런 이치는 수학 문제만이 아니라 우리가 생활에서 접하는 모든 문제의 해결에도 적용이 됩니다. 새로운 해결 방법을 찾으려면 기존의 생각의 틀을 깨야만 합니다. 우리는 보다 유연한 생각을 할 필요가 있습니다.

그림만 그려도
증명이 된다

수학은 추상적인 아이디어를 대상으로 하는 교과입니다. 그러나 추상적인 아이디어라도 제한적으로나마 시각적인 방법을 사용하여 이해하도록 하면 효과적인 공부를 할 수 있습니다. 예를 들어 초등학교에서 배우는 삼각형의 넓이 공식이 다음과 같은 이유를 그림으로 나타내 보라고 말해 볼 수 있을 것입니다.

삼각형의 넓이 = (밑변)×(높이)÷2

다음 그림처럼 삼각형은 어떤 모양의 삼각형이라도 합동인 삼각형 두 개를 적절히 이어붙이면 평행사변형을 만들 수 있습니다. 따라서 삼각형의 넓이는 평행사변형 넓이의 $\frac{1}{2}$이 됨을 알 수 있습니다.

비슷한 예로, 사다리꼴의 넓이를 구하는 공식은 다음과 같습니다.

$$\text{사다리꼴의 넓이} = \{(\text{윗변}+\text{아랫변})\div2\}\times(\text{높이})$$
$$= (\text{윗변}+\text{아랫변})\times(\text{높이})\div2$$

왜 그런지 그림을 그려서 설명할 수 있을까요?

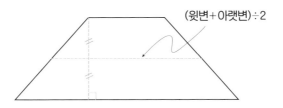

(윗변+아랫변)÷2

이 그림은 사다리꼴의 '윗변'과 '아랫변'의 평균 길이를 구한 값에 높이를 곱해 사다리꼴의 넓이를 구할 수도 있다는 것을 보여줍니다. 아래와 같은 그림으로 나타내면 보다 분명하게 드러납니다.

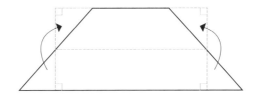

사다리꼴의 높이의 중간 지점에서 더 튀어나간 부분을 반대편으로 옮겨 채우게 되면 앞의 그림과 같이 넓이가 같은 직사각형으로 변형할 수 있습니다.

이번에는 직육면체의 부피를 알아볼까요?

직육면체의 부피 = (가로)×(세로)×(높이) = (밑넓이)×(높이)

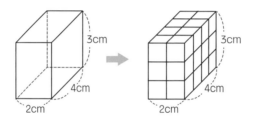

위 그림은 왜 직육면체의 부피가 (가로)×(세로)×(높이)인지를 보여주는 그림입니다. 또한 아래의 그림은 왜 직육면체의 부피가 (밑넓이)×(높이)인지를 보여줍니다.

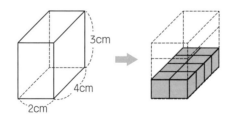

초등학교에서 배우는 분수의 곱셈도 다음과 같이 그림으로 표현할 수 있습니다.

$$\frac{3}{4} \times \frac{5}{6} = \frac{15}{24}$$

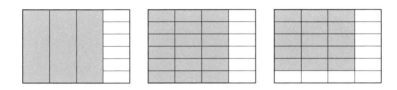

이 밖에 각뿔의 부피가 왜 각기둥의 부피의 $\frac{1}{3}$이 되는지도 다음 그림으로 알 수 있습니다.

각뿔의 부피 $= \frac{1}{3} \times$ (직육면체의 부피)

$= \frac{1}{3} \times$ (가로) $\times$ (세로) $\times$ (높이)

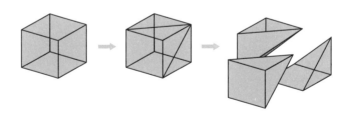

넬슨Roger B. Nelsen 박사는 이런 방법을 '말없는 증명'이라고 일컬

으면서, 말없는 증명의 방법을 여러 사람들로부터 모아서 같은 제목
의 책으로도 소개했습니다. 이제부터는 이 책에 소개된 몇 가지 예
를 보여드리겠습니다.[2]

다음은 히포크라테스의 초승달이라고 불리는 도형입니다. 그림
을 보고 무엇을 증명하려는 것인지를 이해해 보시기 바랍니다.

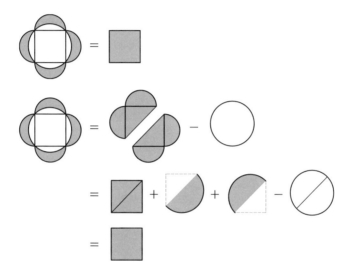

말로 설명하면, 등호 왼쪽의 그림처럼 정사각형의 각 변을 지름
으로 하는 반원 4개에서 정사각형에 외접하는 원을 뺀 초승달 모양
도형의 넓이는 안에 있는 정사각형의 넓이와 같다는 것입니다. 이를
위해서 정사각형의 한 변을 지름으로 하는 반원 두 개의 넓이는 그
정사각형의 대각선을 지름으로 하는 반원의 넓이와 같다는 성질을
이용한 것입니다. 피타고라스 정리에 따라, 직각삼각형의 두 변을

지름으로 하는 작은 두 원의 넓이는 빗변을 지름으로 하는 원의 넓이와 같기 때문입니다.

다음 그림은 한 줄에 8개씩 7줄의 점을 비스듬한 경계를 따라 반으로 나눈 모습을 보여줍니다. 무슨 뜻일까요?

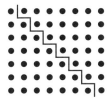

그림처럼 아래쪽(또는 위쪽도 마찬가지) 반쪽에 있는 점의 개수는 1+2+3+4+5+6+7이 되고, 이는 직사각형 모양으로 놓여 있는 모든 점의 개수를 2로 나눈 것과 같은 값 $\dfrac{(7 \times 8)}{2} = 28$ (개)입니다. 이 원리는 점의 개수가 몇 개가 되더라도 똑같이 적용됩니다. 즉 1에서 n까지의 수를 모두 더한 값은 $\dfrac{n(n+1)}{2}$ 이 되는 것입니다.

아래 그림은 홀수들의 합을 나타내는 것입니다.

말로 설명하면, ❶이 보여주는 1+3+5+7+9는 ❷와 같이 가운

데 있는 5개의 구슬(5)에, 양쪽에 있는 삼각형 모양 부분의 구슬 수 $[\{1+2+3+\cdots+(5-1)\}\times2]$를 더한 값과 같습니다. 그리고 이것은 ❸과 같이 5×5인 정사각형 모양의 구슬 수(n^2)와도 같습니다. 이를 수식으로 표현하면 다음과 같습니다.

$$
\begin{aligned}
1+3+5+\cdots+(2n-1) &= 2\times(1+2+3+\cdots+n-1)+n \\
&= 2\times\frac{n(n-1)}{2}+n \\
&= (n-1)\times n+n \\
&= n^2
\end{aligned}
$$

실은 다음 그림과 같이 더 간단하게 생각해 볼 수도 있습니다.

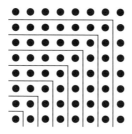

또는 다음 쪽의 그림과 같이 엇갈리게 배치한 뒤 사선으로 놓여 있는 점의 수를 생각해 볼 수도 있을 것입니다.

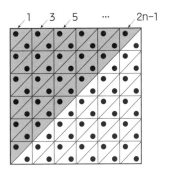

다음과 같이 단계적으로 생각해도 결과는 같습니다.

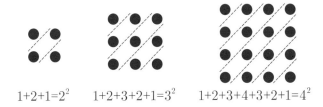

$$1+2+1=2^2 \qquad 1+2+3+2+1=3^2 \qquad 1+2+3+4+3+2+1=4^2$$

$$1+2+3+\cdots+n+(n-1)+\cdots+3+2+1$$
$$=1+3+5+\cdots+(2n-1)=n^2$$

다음 쪽의 그림은 1부터 어떤 수까지의 자연수를 세제곱한 수들의 합이 왜 먼저 더한 후 제곱한 값과 같아지는지를 보여줍니다. 이 그림은 $1^3+2^3+3^3=(1+2+3)^2$를 보여주지만, 같은 원리에 따라 일반적으로 $\sum_{k=1}^{n} k^3 = (\sum_{k=1}^{n} k)^2$가 성립합니다.

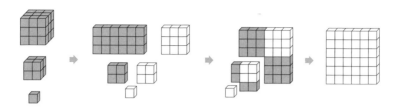

다음은 식 $ax - by$가 $\dfrac{1}{2}(a+b)(x-y) + \dfrac{1}{2}(a-b)(x+y)$가

가 되는 이유를 시각적으로 나타낸 것입니다. 가로와 세로가 각각

a, x인 직사각형의 넓이에서 가로와 세로가 각각 b, y인 직사각형의

넓이를 뺀 결과로 그려지는 도형의 넓이를 사다리꼴 두 개로 나누

어 각각의 넓이를 더해서 구한 것입니다.

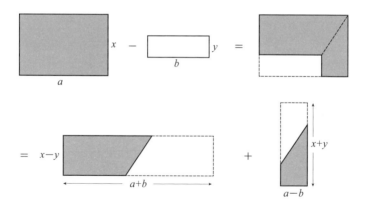

다음은 별 모양의 꼭짓점 내각들의 합이 왜 $180°$가 되는지를 보

여주는 그림입니다.

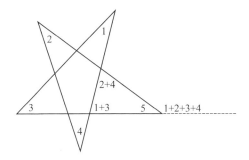

이는 삼각형에서 한 외각의 크기는 이웃하지 않는 두 내각의 합과 같다는 성질을 이용한 것입니다.

다음 그림은 부등식을 나타낸 것입니다. 직사각형 4개와 정사각형 1개로 이루어진 큰 정사각형에서 가운데 정사각형의 넓이를 빼면 4개의 직사각형의 넓이($4ab$)가 되는 사실을 이용한 것입니다.

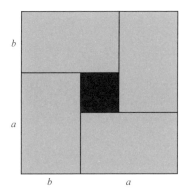

$(a+b)^2 - (a-b)^2 = 4ab$이므로, 한 변의 길이가 $(a+b)$인 정사각형의 넓이는 언제나 한 변의 길이가 $(a-b)$인 가운데 정사각형의

넓이를 뺀 직사각형 4개의 넓이(4*ab*)보다는 크거나 같습니다. 물론 (*a* − *b*)=0이면 가운데 정사각형이 사라지면서 큰 정사각형과 직사각형 4개의 넓이가 같아집니다. 이를 수식으로 표현하면 $(a+b)^2 \geq 4ab$이고, 따라서 이로부터 산술평균은 기하평균보다 크거나 같다는 유명한 부등식 $\dfrac{a+b}{2} \geq \sqrt{ab}$ 이 도출됩니다. 이는 다시 다음 그림처럼 생각해 볼 수도 있습니다.

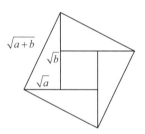

위 정사각형의 한 변의 길이는 $\sqrt{a+b}$ 이고, 이 정사각형의 넓이는 직각을 낀 변의 길이가 각각 $\sqrt{a}$ 와 $\sqrt{b}$ 인 직각삼각형 4개의 넓이를 합친 것보다는 크거나 같게 됩니다. 따라서 아래와 같은 식이 성립합니다. 등호는 $\sqrt{a} - \sqrt{b} = 0$, 즉 *a* − *b*=0일 때입니다.

$$(\sqrt{a+b})^2 \geq 4 \times \frac{1}{2} \times \sqrt{a} \times \sqrt{b}$$
$$a+b \geq 2\sqrt{ab}$$

그런데 시각적인 그림만으로 표현하다 보면 혼동이 되는 경우도 있습니다. 다음 그림은 많은 분들이 익숙하게 알고 있는 유명한 '폴 캐리 삼각형Paul Carry Triangle'입니다.

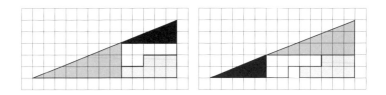

이런 이상한 결과가 나타나는 것은 실은 착시 때문입니다. 두 그림에서 큰 삼각형의 빗변은 일직선으로 보이지만 사실은 약간 휘어 있기 때문입니다(왼쪽 삼각형은 안쪽으로, 오른쪽 삼각형은 바깥쪽으로 휘어 있습니다). 아래 그림과 같이 정확히 그려 보면 두 삼각형의 빗변의 기울기가 다르다는 것을 알 수 있습니다.

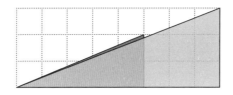

이처럼 우리의 눈을 지나치게 신뢰하면 곤란합니다. 반드시 수학적으로, 논리적으로 따져 볼 필요가 있습니다.

직관적인 예상을 깨는 또다른 예가 있습니다. 자연수 전체의 집합과 유리수 전체의 집합은 어느 쪽이 더 클까요?

분수를 아래 그림과 같이 배열해서 차례로 대응시키면(단, 같은 값의 수가 나오면 건너뜁니다) 자연수에 하나씩 대응시킬 수 있습니다. 따라서 자연수의 집합의 크기와 유리수($\frac{p}{q}$, p와 q는 정수, 단 $q \neq 0$) 의 집합의 크기는 같습니다.

$$
\begin{array}{cccccccc}
\frac{1}{1} & \frac{1}{2} & \frac{1}{3} & \frac{1}{4} & \frac{1}{5} & \frac{1}{6} & \frac{1}{7} & \frac{1}{8} \quad \cdots \\
\frac{2}{1} & \frac{2}{2} & \frac{2}{3} & \frac{2}{4} & \frac{2}{5} & \frac{2}{6} & \frac{2}{7} & \frac{2}{8} \quad \cdots \\
\frac{3}{1} & \frac{3}{2} & \frac{3}{3} & \frac{3}{4} & \frac{3}{5} & \frac{3}{6} & \frac{3}{7} & \frac{3}{8} \quad \cdots \\
\frac{4}{1} & \frac{4}{2} & \frac{4}{3} & \frac{4}{4} & \frac{4}{5} & \frac{4}{6} & \frac{4}{7} & \frac{4}{8} \quad \cdots \\
\frac{5}{1} & \frac{5}{2} & \frac{5}{3} & \frac{5}{4} & \frac{5}{5} & \frac{5}{6} & \frac{5}{7} & \frac{5}{8} \quad \cdots \\
\frac{6}{1} & \frac{6}{2} & \frac{6}{3} & \frac{6}{4} & \frac{6}{5} & \frac{6}{6} & \frac{6}{7} & \frac{6}{8} \quad \cdots \\
\frac{7}{1} & \frac{7}{2} & \frac{7}{3} & \frac{7}{4} & \frac{7}{5} & \frac{7}{6} & \frac{7}{7} & \frac{7}{8} \quad \cdots \\
\frac{8}{1} & \frac{8}{2} & \frac{8}{3} & \frac{8}{4} & \frac{8}{5} & \frac{8}{6} & \frac{8}{7} & \frac{8}{8} \quad \cdots \\
\vdots & \vdots & \vdots & \vdots & \vdots & \vdots & \vdots & \vdots
\end{array}
$$

더 나아가 유한한 열린 구간의 무한집합의 밀도cardinality는 실수 전체의 밀도와 같습니다. 다음은 제이슨 다이어Jason Dyer가 제시한 그림입니다. 위의 유한한 선분 위의 모든 점을 아래의 무한한 수직 선 위의 모든 점과 일대일 대응시킬 수 있다는 뜻입니다.

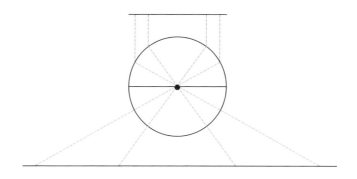

다음 그림도 −1에서 +1 사이의 수들을 −∞에서 +∞까지의 수들에 대응시킬 수 있음을 보여주는 그림입니다.

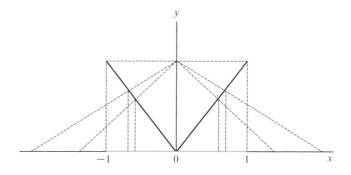

수학자 칸토어Cantor는 n차원에 있는 점의 개수는 1차원 선 위에 있는 점의 개수와 같다는 것을 증명했는데, "나는 그것을 안다. 그러나 그것을 믿지는 않는다"라는 말을 남겼다고 합니다. 유명한 수학자조차도 직관적으로 보는 것과 수학적으로 보는 것, 수리 논리적으로 따져보는 것은 다를 수 있다는 것을 보여줍니다. 세기의 과학자

아인슈타인Einstein이 복리의 마법을 이해하기 어렵다고 말했다는 것도 마찬가지입니다.

이는 불교에서 말하는 색즉시공 공즉시색色卽是空 空卽是色과 일맥상통합니다. 있는 것이 없는 것이고 없는 것이 있는 것입니다. 큰 것이 작은 것이고 작은 것이 큰 것이 될 수도 있습니다. 수학적 논리가 우리의 직관에 어긋나는 사례를 보면 이런 선문답을 수학의 세계에서도 엿볼 수 있습니다. 우리 눈에 보이는 것으로 세상의 현상을 다 말할 수는 없음을 알아야 합니다.

그럼에도 수학을 공부하면서 시각적으로 표현해 보는 것은 매우 중요합니다. 표현하는 방법에 따라서 학생들의 수학적인 수준과 아이디어가 어떠한지를 알 수 있기 때문입니다. 자녀들의 수학 지도를 할 때는 정답만 확인할 게 아니라 주어진 문제를 그림 등으로 어떻게 표현하는지 세심하게 관찰할 필요가 있습니다. 그리고 아이들이 그려낸 시각적 표현을 성인의 관점에서 이해하기 어렵다면, 왜 그렇게 표현했는지 물어보아야 합니다. 아이들은 "이것은 쉬운 것인데, … 때문이잖아요!"라고 친절하게 설명해 줄 것입니다. 수학은 공부할 때나 지도할 때나 관심을 가지고 세심하게 관찰하는 데서 출발합니다.

왜 1＋1 ＝ 2일까?

수학에서는 '두 직선이 만나서 만드는 맞꼭지각의 크기는 같다'는 것처럼 당연해 보이는 것조차도 증명을 해야 하는 경우가 있습니다. 왜 1+1=2인지 증명을 하는 것도 그렇습니다. 이것은 가장 쉬울 것 같으면서도 꽤 어려운 증명입니다.

"돌맹이 하나에 다른 돌맹이를 더하면 돌맹이가 두 개가 되는 건 당연한데 왜 증명이 필요하지?"라고 생각할 수도 있습니다. 하지만 돌맹이는 크기도 다르고 재질도 다릅니다. 게다가 '더한다'라는 것도 애매하지요. 옆에 붙여 놓는다는 뜻일까요? 아주 초보적인 연산인데도 따지고 들어가면 간단하게 답하기가 쉽지 않습니다.

그런데 이 증명은 화이트헤드Alfred Whitehead와 러셀Bertrand Russell이 쓴 《수학의 원리》 362쪽에 다음과 같이 실려 있습니다.[3]

하지만 이 증명은 수학자가 보기에도 쉽지 않은 증명을 전개하고 있습니다. 저자가 자신의 책에서 제시한 공리들을 활용한 증명이기 때문인데, 《수학의 원리》를 다 읽은 사람은 수학자 중에서도 손에 꼽을 정도라고 하니까요. 이들이 당연하게 보이는 $1+1=2$라는 식을 증명한 이유는, 수학이라는 학문이 논리적인 기초에 기반하고 있다는 것을 보여주기 위해서라고 합니다.

이 연산은 이탈리아 수학자 주세페 페아노Giuseppe Peano가 고안한 자연수에 대한 공리 체계인 '페아노 공리계Peano Axioms'를 이용해 증명할 수 있습니다. 자연수의 성질을 규정한 페아노 공리계는 다음의 다섯 가지 공리로 정리됩니다.

- PA1: 1은 자연수이다.
- PA2: 모든 자연수 n은 그 다음 수 n'을 갖는다.
- PA3: 1은 어떤 자연수의 그 다음 수도 아니다. 즉 모든 자연수 n에 대해 $1 \neq n'$이다.

- PA4: 두 자연수의 그 다음 수들이 같다면, 원래의 두 수는 같다. 즉 $a'=b'$이면 $a=b$이다.
- PA5: 어떤 자연수들의 집합이 1을 포함하고, 그 집합의 모든 원소에 대해 그 다음 수를 포함하고 있다면, 그 집합은 자연수 전체의 집합이다.

이 공리는 어찌 보면 당연하고 별 의미도 없어 보입니다. 그런데 이 공리계에서는 "1"과 "그 다음 수"라는 용어를 특별히 정의하지 않고 무정의 용어로 쓰고 있습니다. 하지만 $1+1=2$를 증명하려면 무엇보다 먼저 '2'와 '+'를 정의해야 합니다. '2'는 1의 다음 수라고 정의할 수 있습니다. 마찬가지로 3, 4, 5…와 같은 이후의 자연수들도 모두 어떤 수의 다음 수라고 정의할 수 있습니다.

다음으로 '+', 즉 '덧셈'을 정의합니다. 두 자연수 a와 b에 대해 두 수의 덧셈 $a+b$는 우선 a를 놓은 뒤에, 그 다음 수를 놓는 과정을 b번 반복하는 것으로 정의할 수 있습니다. 즉 다음과 같이 생각할 수 있습니다.

$$a \ + \ b : a \ \rightarrow \ a' \ \rightarrow \ (a')' \ \rightarrow \ ((a')')' \ \rightarrow \ \cdots \ \rightarrow \ (\cdots((a')')'\cdots)'$$
$$\underleftrightarrow{\qquad\qquad b\text{번} \qquad\qquad}$$

이제 공리 PA2에 의하여 $a+1=a'$이 되고, $a+b=a+c'=(a+c)'$을 만족하는 c가 존재함을 알 수 있습니다. 예를 들어 $4+3$이라면, $4+3 = 4+2' = (4+2)'$이 되는 것이지요. 그런데 $4+2 = 4+1'$

= $(4+1)'$이 되는데, 정의에 의하면 $4+1 = 4' = 5$입니다. 따라서 덧셈의 정의에 따라 4의 다음 수를 3번 반복하면, $4+3 = ((4')')' = (5')' = 6' = 7$이 됩니다.

이때 $c=a$라면 모든 자연수에 대해 $a+a'=(a+a)'$도 성립하고, 따라서 $1+1=1'$이고 $1'=2$이므로 $1+1=2$가 됩니다.

왠지 증명을 했다 해도 어쩌다 보니 된 것 같은 느낌일 것입니다. 수학은 논리적인 사고에 의해 전개해 가기 때문에 단계별로 논리를 잘 따라 갈 수 있어야 합니다. 증명은 늘 어려울 수 있습니다!

이제 학교에서 배운 몇 가지 증명에 대해 알아보겠습니다. 먼저 수학적 귀납법의 원리를 이용해 간단히 증명하는 문제입니다. 하나하나의 경우를 확인해 가면서 전체에 대해 성립하는지를 알아보는 방법이 '수학적 귀납법의 원리'입니다. 이를 쉬운 비유로 '도미노 효과'라고도 합니다. 도미노에 비유하면 다음과 같은 규칙을 만족하는 원리라고 할 수 있습니다.

$1, 2, 3, \cdots$으로 이름을 붙인 수없이 많은 도미노가 서 있다고 가정합니다. 그리고

① 우리는 첫번째 도미노를 쓰러트리면 쓰러진다는 것을 안다, 즉 $P(1)$이 참이라는 것을 밝힙니다.

② 만일 k번째 도미노가 쓰러진다면 그 다음 도미노도 쓰러진다, 즉 모든 정수 k에 대하여, $P(k)$이 참이면 $P(k+1)$도 참이라는 것을 밝힙니다.

그러면 모든 도미노가 쓰러지게 되고, $P(n)$이 모든 양의 정수 n에 대해 참이 되는 것입니다.

약간은 익숙한 문제로 예를 들어 1에서 n까지의 자연수의 합을 구하는 공식을 수학적 귀납법을 이용해 증명해 보겠습니다.

$$1 + 2 + 3 + \cdots + n = \frac{n(n+1)}{2}$$

① $n = 1$일 때, $1 = \dfrac{1(1+1)}{2} = 1$이 되어 성립합니다.

② $n = k$일 때 $1 + 2 + 3 + \cdots + k = \dfrac{k(k+1)}{2}$이 성립한다고

가정하면 $n = k+1$일 때도 성립하는지 알아봅니다.

$$
\begin{aligned}
1 + 2 + 3 + \cdots + k + (k+1) &= \frac{k(k+1)}{2} + (k+1) \\
&= \frac{k(k+1) + 2(k+1)}{2} \\
&= \frac{k^2 + 3k + 2}{2} \\
&= \frac{(k+1)(k+2)}{2}
\end{aligned}
$$

그러므로 $n = k+1$에 대해서도 이 식이 성립하고, 따라서 모든 자연수 n에 대하여 이 식이 성립함을 알 수 있습니다.

다른 것을 더 확인해 보겠습니다. 1=1, 1+3=4, 1+3+5=9, 1+3+5+7=16…이 된다는 사실로부터 1부터 n번째 홀수까지의 합을 $1+3+5+\cdots+(2n-1)=n^2$이라고 가정해 볼 수 있습니다. 그렇다면 이 공식이 모든 양의 홀수에 대해 성립하는지 알아보겠습니다.

① $n=1$일 때, $1=(1)^2=1$이 되어 성립합니다.

② $n=k$일 때 $1+3+5+\cdots+(2k-1)=k^2$이 성립한다고 가정하면 $n=k+1$일 때 성립하는지 알아봅니다.

$$1+2+3+\cdots+(2k-1)+(2k+1) = k^2+2k+1$$
$$= (k+1)^2$$

그러므로 $n=k+1$에 대해서도 이 식이 성립하고, 따라서 모든 자연수 n에 대해 이 식이 성립함을 알 수 있습니다.

이번에는 중학교에서 배우는 증명 방법인 귀류법을 살펴보겠습니다. 결론을 부정하는 가정을 한 뒤 모순이 있음을 밝히는 방법입니다. 수라고 하면 정수라고만 여기던 오랜 옛날 피타고라스 학파가 정수의 비율로 나타낼 수 없는 수가 있다는 것을 발견하고도 수로 인정하지 않았다고 알려져 있는데, 이를 무리수라 합니다. 가장 기본적인 무리수 $\sqrt{2}$가 정수의 비로 나타낼 수 있는 수가 아니라는 것을 어떻게 증명할 수 있을까요? 이는 비교적 간단하게 증명할 수 있습니다. 아마도 중학교에서 배운 기억이 나실 것입니다.

$\sqrt{2}$ 가 유리수라고 가정하면, 유리수의 정의에 따라 $\sqrt{2} = \dfrac{b}{a}$ (a 와 b는 서로 소인 정수이고 $a \neq 0$)라고 쓸 수 있습니다. 여기에서는 a와 b가 서로 소(공약수가 1 이외는 없는 두 수 사이의 관계를 '서로 소'라고 합니다)라는 가정에 모순이 있다는 것을 밝혀 증명에 활용할 것입니다.

먼저 $\sqrt{2} = \dfrac{b}{a}$ 의 양변을 제곱합니다.

$$2 = \frac{b^2}{a^2}$$
$$2a^2 = b^2$$

따라서 b^2은 2의 배수이며, b^2이 2의 배수이면 b도 2의 배수이므로 $b = 2k$ (k는 정수)라고 쓸 수 있습니다.

$$2a^2 = (2k)^2$$
$$2a^2 = 4k^2$$
$$a^2 = 2k^2$$

따라서 a^2도 2의 배수이고 a도 2의 배수가 됩니다. 그런데 a와 b가 모두 짝수라는 결론은 a와 b가 서로 소라는 애초의 가정과 모순이 됩니다. 따라서 $\sqrt{2}$ 가 유리수라는 가정에 모순이 있다고 할 수 있습니다. 즉 $\sqrt{2}$ 는 유리수가 아닙니다.

이와 같이 간단해 보이는 것도 수학에서는 증명을 통해 확인을 해야 합니다. '페르마의 마지막 정리'로 알려진 식도 마찬가지입니다.

$$x^n + y^n = z^n \ (x, y, z\text{는 정수}, \ n \geq 3)$$

이 식에서 n이 3 이상일 때, x, y, z를 만족하는 정수는 존재하지 않는다는 것이 페르마의 마지막 정리입니다. 어찌 보면 간단한 식 같고, 이를 만족하는 수들은 얼마든지 있을 것 같기도 합니다. 실제로 피타고라스의 정리인 $x^2 + y^2 = z^2 (x, y, z\text{는 정수})$를 만족하는 수는 무수히 많습니다. 예를 들어 $3^2 + 4^2 = 5^2$이 되는 $(3, 4, 5)$가 대표적입니다.

그런데 1995년 프린스턴대학교 수학과의 앤드루 와일스Andrew Wiles 교수가 증명할 때까지, 수많은 수학자들이 이를 증명하는 데 실패를 거듭해 왔습니다. 와일스는 열 살이라는 어린 나이에 이 공식에 관심을 가지게 되었고 수학자가 되어 거의 7년 이상을 이 문제에 매달려서 결국 누구도 해결하지 못한 증명 방법을 찾아내게 되었습니다. 그가 PBS 방송 인터뷰에서 자신이 증명을 만들어낸 과정을 떠올리면서 감격해하는 모습은 인상적이었습니다.

이렇듯 수학에서는 논리적으로 증명을 하는 것이 중요합니다. '증명'이라는 용어가 어렵게 여겨지는 탓에, 최근에는 자신의 수학적 추론을 '정당화'하는 것이 중요하다고 강조하고 있습니다. 수학을 배우면서 학생들도 자신의 수준에서 수학 문제를 해결하거나 증명을 하면서 감격하거나 희열감을 맛볼 수 있도록 이끌어야 합니다.

스스로 수학을 공부하면서 이런 감동을 느껴 보는 경험은, 이후 수학 학습의 원동력이 되지만 강요에 의해 공부할 때는 느낄 수 없는 것이기 때문입니다.

왜 0으로 나누면 안 될까?

0이라는 수는 수학사에서 다른 수들보다 더 나중에 만들어 사용한 수로, 수학에서 의미가 큽니다. 여러분들은 0으로 나눌 때, 0÷0꼴은 '부정', 3÷0꼴은 '불능'이라고 배운 기억이 나실 것입니다. 이 의미를 알아보도록 하겠습니다.

우선 나눗셈의 원리부터 생각해 보겠습니다. 나눗셈은 초등학교 3학년 때부터 본격적으로 배우게 되는데, 초등학교 3학년 과정에서는 나눗셈의 상황을 두 가지로 제시하고 있습니다. 예를 들어 8÷2=4를 다음과 같은 상황으로 설명합니다.

첫번째 상황은 이른바 '등분제等分除, Partitive Division'의 상황입니다.

과자 8개를 2명이 똑같이 나누어 먹으려고 합니다. 한 명이 과자를 몇 개씩 먹을 수 있는지 생각해 봅시다.

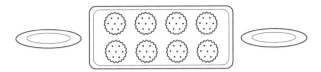

과자 8개를 2명이 똑같이 나누어 먹으려면, 과자를 하나씩 번갈아 가면서 자기 접시에 가져다 놓으면 됩니다.

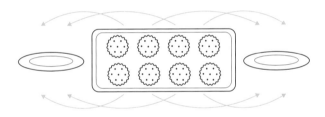

또다른 상황은, 8÷2=4를 8개의 과자를 2개씩 나누어 주는 것으로 생각합니다. 이는 '포함제包含除, Measurement Division'라고 부르는 것으로, 8에서 2씩 빼는 활동을 떠올릴 수 있습니다.

과자 8개를 한 접시에 2개씩 담으려면 접시가 몇 개 필요한지 생각해 봅시다.

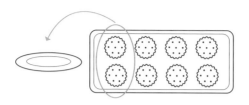

이렇게 빼면 8−2−2−2−2=0이 됩니다. 물론 이를 배우는 학생들에게는 두 상황을 구별해서 수학적 용어로 명명해 줄 필요까지는 없겠지만, 나눗셈을 지도하는 교사들은 두 가지 원리를 구분해서 학생들에게 적절하게 제시할 수 있어야 합니다.

그러나 초등학교 과정에서 0으로 나누는 상황에 대해서는 다루지 않습니다. 중학교부터는 0으로 나누는 경우에 대해 배우게 되는데, 0÷0은 부정不定, 그리고 0이 아닌 수 a에 대해 $a÷0$은 불능不能 이라고 외워서 알고 있는 분들도 적지는 않겠지만, 이 개념의 의미를 정확하게 알고 있는 분들은 많지 않을 것입니다.

먼저 나눗셈의 의미를 위에서 설명한 두번째 상황, 즉 몇 번 덜어낼 수 있는가라는 포함제의 의미로 생각해 보면 다음과 같이 생각을 전개할 수 있습니다.

① 8÷2=4를 8에서 2를 몇 번 빼면 0이 되는가를 알아보는 것이라고 할 때, 8에서 2를 4번 제하면 0이 됩니다. 즉 몫이 4가 됩니다.

$$8-2-2-2-2=0$$
4번

② 그렇다면 0÷2의 몫은 얼마일까요? 그렇습니다. 이 나눗셈의 계산 결과는 0이 됩니다. 이를 포함제의 상황으로 생각해 보면, 0에서 2를 0번 제해야만 0이 됩니다. 따라서 이 나눗셈의 몫은 0이 됩니다.

$$0 - 2 - 2 - \cdots = 0$$
$$\underset{\text{0번}}{\underline{\qquad}}$$

③ 이제 0÷0의 몫은 얼마일까요? 이런 경우는 앞에서도 말했듯이 '부정'이라고 합니다. 그런데 왜 부정이라고 할까요? 이 나눗셈도 포함제의 상황으로 생각해 보면, 0에서 0을 몇 번 제하면 0이 되는지 알아보는 것이라고 할 수 있습니다. 그리고 0을 몇 번 빼더라도 0이 되므로, 몇 번 빼야 할지를 정할 수 없습니다. 바로 그것이 부정不定, Infinity의 의미입니다.

$$0 - 0 - 0 - 0 - \cdots = 0$$
$$\underset{\text{정해지지 않음}}{\underline{\qquad}}$$

④ 이번에는 2÷0의 몫이 얼마일까요? 이런 경우는 앞에서도 말했듯이 '불능'이라고 합니다. 그런데 왜 불능이라고 할까요? 이 나눗셈도 포함제의 상황으로 생각해 보면, 2에서 0을 몇 번 제해야 0이 되는지 알아보면 됩니다. 하지만 2에서 아무리 많은 0을 빼더라도 0이 될 수는 없습니다. 그래서 불가능하다는 의미의 불능不能, Impossible 또는 '정의되지 않음Undefined'이 되는 것입니다.

$$2 - 0 - 0 - 0 - \cdots = 0$$
$$\underset{\text{불가능}}{\underline{\qquad}}$$

이제는 중학교나 고등학교에서 0으로 나누는 것을 부정이나 불능이라고 배우는 의미를 알았으니 자녀들의 교육에도 정확한 설명을 할 수 있을 것입니다.

이 밖에도 0으로 나누는 것이 가능하다고 가정한 뒤 모순을 이끌어내는 설명 방법도 있습니다. 예를 들어 $2 \div 0 = x$라고 가정하면,

$2 \div 0 = x$

$2 \div 0 \times 0 = x \times 0$ ← 양변에 0을 곱함

$2 \div 0 \times 0 = x \times 0$ ← 0도 나눗셈이 가능하다면, 어떤 수든 같은 수를
나누었다 곱하면 1이 됨

$2 \times 1 = x \times 0$

$2 = 0$ ← $x \times 0 = 0$

즉 $2 = 0$이 되어 모순이 생깁니다. 그래서 일반적으로 0으로 나누는 것은 특별하게 취급하는 것입니다.

또한 0의 거듭제곱 형태도 자주 혼동되는 문제입니다. 0을 아무리 곱해도 0이므로, $0^n = 0$입니다. 그렇다면 3^0은 얼마일까요? 이것은 지수를 하나씩 점차적으로 줄여보는 추론을 활용해 생각해 볼 수 있습니다.

$3^3 = 3 \times 3 \times 3$

$3^2 = 3 \times 3$ ÷3

$3^1 = 3$ ÷3

$3^0 = 1$ ÷3

$3^{-1} = \dfrac{1}{3}$ ÷3(또는 × $\dfrac{1}{3}$)

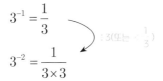

$$3^{-1} = \frac{1}{3}$$

$$3^{-2} = \frac{1}{3 \times 3}$$

: 3(또는 × $\frac{1}{3}$)

그러므로 3^0=1임을 알 수 있습니다. 확장하면 어떤 수의 0제곱은 당연히 모두 1이 됩니다. 그러면 0^0은 얼마일까요? 이 경우는 '정의하지 않는다'고 하거나 0으로 보는 경우도 있지만, 일반적으로는 1로 생각합니다. 계산기에 입력해 보면 계산기의 종류에 따라서 1로 제시하는 경우가 많고, 공학용 계산기들은 'Math Error' 또는 '정의되지 않은 값' 등으로 표시하기도 합니다.

내친 김에 0!이 얼마인지도 알아볼까요? 고등학교에서 배우는 팩토리얼(!)입니다. 이는 차례곱 또는 계승^{階乘, Factorial}이라고 하는 것으로, 예를 들면 4! = 4×3×2×1입니다.

그런데 n!은 n개의 물건을 순서대로 줄을 세우는 경우가 몇 가지인지를 계산하는 방법이기도 합니다. 물건이 2개 있다면, 이를 순서대로 배열하는 경우의 수는 2가지입니다. 앞에 놓을 수 있는 경우가 2가지이고, 각각의 경우에 나머지 1개는 뒤에 놓아야 하므로 1가지씩이라 생각하면 2×1=2!이라는 식으로 표현할 수 있습니다. 3개를 배열한다면, 맨앞에 놓을 수 있는 경우는 3가지이고, 각각의 경우에 나머지 2개 중 하나를 가운데 놓을 수 있으니 2가지, 마지막은 역시 각각의 경우에 1가지씩이므로 모두 6가지(3×2×1=3!)가 됩니다. 4개를 배열하려면, 맨앞에 4가지, 다음은 3가지, 그 다음은 2가지, 마지막은 1가지로 모두 24가지($4\times3\times2\times1=4!$)가 됩니다. 그러므로 n개를 순서대로 줄을 세우는 경우의 수는 $n\times(n-1)\times(n-2)\times\cdots\times1 = n!$임을 알 수 있습니다. 따라서 하나도 줄을 세우지 않는 경우는 1가지뿐이므로 $0! = 1$이 됩니다. 이는 다음과 같은 논리적인 절차로도 가볍게 설명할 수 있습니다.

$$4! = 4\times3\times2\times1 = 4\times3!$$
$$3! = 3\times2\times1 = 3\times2!$$
$$2! = 2\times1 = 2\times1!$$
$$1! = 1 = 1\times0!$$

또 n개 중에서 r개를 뽑는 경우의 수를 가리키는 조합의 정의 $_nC_r = \dfrac{n!}{(n-r)!r!}$에 비춰 봐도 $0!=1$임을 알 수 있습니다. 가령 3개 중에서 순서에 상관없이 3개를 뽑는 경우의 수는 1가지인데, 이를 위의 정의에 따라 식으로 표현하면 $_3C_3 = 1 = \dfrac{3!}{3!0!}$이 되기 때문입니다. 나아가 0개에서 0개를 중복을 허락해서 뽑는 경우의 수 $_0\Pi_0 = 0!$도 사실상 뽑지 않는 경우로 1가지입니다.

다시 '부정'과 '불능'으로 돌아가서, 중고등학교 과정에서 연립방정식의 해를 구할 때도 부정이나 불능이라는 용어를 사용하기도 합니다. 문자가 2개이고 차수가 1차인 이원일차방정식은 해가 1개 존재하는 경우, 해가 존재하지 않는 경우, 해가 무수히 많은 경우 등이 있습니다. 예를 들어 다음의 연립방정식의 해를 구해 보겠습니다.

$$\begin{cases} 2x+y=0 & \cdots \ ① \\ x+y=0 & \cdots \ ② \end{cases}$$

식 ①에서 식 ②를 빼면, $x=0$이 되고, 이를 두 식 중 하나에 대입하면 $y=0$이 됩니다. 즉 $x=0$, $y=0$이 되며, 이를 그래프로 표현하면 ①과 ② 두 직선이 $(0, 0)$의 한 점에서 만나는 경우가 됩니다.

이번에는 무수히 많은 해를 갖는 경우를 생각해 봅시다.

$$\begin{cases} 2x+y=3 & \cdots \ ① \\ 4x+2y=6 & \cdots \ ② \end{cases}$$

식 ①의 양변에 2를 곱하면 식 ②와 같아집니다. 그래프로 표현하면 같은 직선이 되어 서로 겹치게 되므로 x의 값이 어떤 값을 가지든 항상 그에 상응하는 y의 값이 있게 되어 해가 무수히 많은 '부정'이 됩니다.

마지막으로, 해를 갖지 않는 경우를 생각해 보겠습니다.

$$\begin{cases} 2x+y=3 & \cdots \ ① \\ 4x+2y=4 & \cdots \ ② \end{cases}$$

식 ①의 양변에 2를 곱한 후, 좌변은 좌변끼리 우변은 우변끼리 빼면 $0=2$가 되어, 이를 만족하는 x와 y의 값이 존재하지 않는 '불능'이 됩니다. 그래프로 표현하면 두 직선이 평행으로 놓여 만나지 않는 경우입니다.

지금까지의 내용을 일반적인 식으로 정리해 보면,

$$\begin{cases} ax + by = c \\ a'x + b'y = c' \end{cases}$$

여기서 $\dfrac{a}{a'} \neq \dfrac{b}{b'}$ 일 때 해가 1개가 됩니다. 또 $\dfrac{a}{a'} = \dfrac{b}{b'} = \dfrac{c}{c'}$ 일 때는 해가 무수히 많은 부정이 되고, $\dfrac{a}{a'} = \dfrac{b}{b'} \neq \dfrac{c}{c'}$ 면 해가 존재하지 않는 불능입니다. 이는 행렬식으로도 간단하게 표현할 수 있습니다.

$$\begin{pmatrix} a & b \\ c & d \end{pmatrix} \begin{pmatrix} x \\ y \end{pmatrix} = \begin{pmatrix} p \\ q \end{pmatrix}$$

이 행렬식에서 역행렬의 판별식 $D = ad - bc = 0$로 역행렬이 존재하지 않으면 부정 또는 불능이 되고, $D = ad - bc \neq 0$로 역행렬이 존재하면 해가 1개가 됩니다(위 행렬식의 양변에 역행렬을 곱해 정리하면, $x = \dfrac{dp - bq}{ad - bc}, y = \dfrac{aq - cp}{ad - bc}$ 라는 해를 얻을 수 있습니다).

고등학교 과정에서는 극한값을 다루면서 부정형 꼴에 다음과 같이 무한대 기호가 추가되기도 합니다.

$$\dfrac{\infty}{\infty}, \ \infty \times 0, \ \infty - \infty, \ \dfrac{0}{0}$$

이런 부정형의 극한값은, 그 형태로는 극한값을 정할 수 없으므로 식을 변형해서 값을 구해야 합니다.

이와 같이 초등학교에서는 0으로 나누는 것을 아예 생각하지 않도록 하고 있지만, 중·고등학교에서는 방정식에서 해가 무수히 많은 경우(부정)나 존재하지 않는 경우(불능)로 확장하게 됩니다. 그리고 이것을 그래프로 그릴 때, 직선이 서로 겹치거나 서로 평행인 경우 등으로 연계할 수도 있습니다. 더 나아가 부정의 의미를 알아야만 부정의 극한값을 계산해서 특정한 값을 이끌어내는 데 활용할 수 있습니다. 즉 수학을 공부한다는 것은, 이전에 배웠던 것들을 점차 다른 의미로 확장하면서 그 의미들을 연결하고 약간씩 다른 의미로 연계를 해 나가는 과정입니다. 따라서 수학을 잘하려면 이런 연계성을 잘 이해해야 합니다. 이런 이해가 하루아침에 이루어지지는 않는 까닭에, 수학을 배우는 학생들은 이전에 배웠던 내용과 어떻게 연계되는지 지속적으로 연결성을 생각하면서 수학을 공부해 갈 필요가 있습니다.

초등학생도 이해하는
분수 셈의 원리

초등학교에서 배우는 수학은 쉬울까요? 꼭 그렇지만은 않습니다. 특히 초등학교 학생들에게 수학을 지도할 때는 더 깊은 수학적인 지식을 가지고 있어야 합니다. 초등학교 수준의 수학 문제를 풀 수 있다는 것과 학생들을 잘 지도할 수 있다는 것은 다른 문제이기 때문입니다.

분수의 개념이나 분수의 연산은 초등학교 학생들에게 가장 이해하기 어려운 부분입니다. 왜 학생들은 분수를 어려워할까요? 트래버스K. J. Travers 교수 등의 연구는, 학생들이 분수를 어려워할 수밖에 없는 이유를 제시하고 있습니다.[6] 분수가 실생활에서 쓰이는 예가 거의 없기 때문이기도 하다는 것입니다. 사실 분수 중에서 $\frac{1}{2}$, $\frac{1}{10}$, $\frac{1}{5}$ 정도 또는 분모가 2, 3, 8, 12 등인 경우 외에는 거의 쓰이지 않는 것 같습니다. 물론 예외적으로 음식을 만드는 조리법에 '$1\frac{2}{3}$컵' 등이 쓰이기도 하지만, 생활 속에서 분수가 쓰이는 예는 매우 제한되어 있습니다.

중국의 초등학교 교사였던 리핑 마Liping Ma는, 중국과 미국의 초등학교 교사들이 수학 수업을 어떻게 하는지 관찰한 내용으로 미국에서 박사 학위 논문을 썼습니다.[5] 미국의 초등학교 교사들은 석사학위를 가진 교사들도 많았던 반면에 중국의 초등학교 교사들은 고등학교밖에 나오지 않은 교사들도 많았습니다. 그런데 이 논문에 따르면 예상과는 달리 중국의 초등교사들이 미국의 초등교사들보다 초등학교 학생들에게 수학을 더 잘 지도하는 것으로 분석되었습니다. 초등학교 과정의 수학이라도 학생들에게 더 잘 지도하려면 수학에 대한 지식을 풍부하게 가지고 있어야 한다는 결론을 담은 이 논문은, 미국의 교사들과 수학교육을 연구하는 사람들을 놀라게 하고 반성하는 계기를 만들었습니다.

분수에 관한 내용 중에도 특히 초등학교 학생들이 가장 어려워하는 것은 분수의 나눗셈 부분입니다. 자연수끼리의 나눗셈에서는 나눈 몫이 원래의 수(피제수)보다는 작아지는데 분수의 나눗셈에서는 1보다 작은 분수로 나누면 오히려 원래의 수(피제수)보다 더 커진다는 것을 이해하기 어려워하는 것입니다. 사실 분수의 나눗셈을 수행하기 위해서는 다음과 같은 개념적인 위계성에 따라서 하위 개념들을 이해할 수 있어야 하기 때문이기도 합니다.[6] 이 분수의 나눗셈을 학습한 후에는 소수의 나눗셈을 후속학습으로 배우게 됩니다.

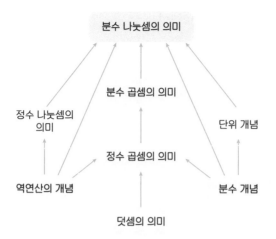

분수 나눗셈의 의미

분수 곱셈의 의미

정수 나눗셈의
의미

단위 개념

정수 곱셈의 의미

역연산의 개념

분수 개념

덧셈의 의미

이제 초등학교에서 다루는 분수의 나눗셈을 알아보겠습니다. 다음 분수의 나눗셈이 적용되는 문장을 가지고 문제를 만들어 보시기 바랍니다.

$$1\frac{3}{4} \div \frac{1}{2}$$

쉬울 수도 있고 쉽지 않을 수도 있습니다. 리핑 마는 미국과 중국의 초등학교 교사들을 대상으로 분수의 나눗셈 등을 가지고 어떤 지식을 가지고 있고 이런 지식이 초등학교 학생들을 지도하는 데 어떤 영향을 미치는지 연구했습니다. 그는 이 문제를 미국과 중국의 초등학교 교사들에게 질문했는데 대부분의 중국교사들은 잘 제시한 반면 미국의 교사들은 제대로 답변하지 못했다고 합니다. 한국의 교육대학교 학생들에게도 이런 질문을 했는데, 몇몇 학생은 아래와 같이 문제를 만들어냈습니다.

"피자가 1판과 $\frac{3}{4}$판이 있는데 두 사람이 나누어 먹는다면, 한 사람은 얼마씩 먹게 되겠습니까?"

그런데 이는 $1\frac{3}{4} \div \frac{1}{2}$이 적용되는 문제가 아니라 $1\frac{3}{4} \div 2$가 적용되는 문제입니다. 이처럼 분수의 나눗셈은 어른들에게도 혼동스러울 수 있습니다. 정확하게 문제의 상황을 진술한 예는 다음과 같은 문제입니다.

"주스가 1컵과 $\frac{3}{4}$컵이 있는데 $\frac{1}{2}$컵씩 덜어내면, 몇 번 덜어낼 수 있겠습니까?"

답은 $\frac{7}{2}$번 또는 '3번 덜어내고 $\frac{1}{2}$번($\frac{1}{4}$컵)을 더 덜어낼 수 있다'가 될 것입니다. 이 나눗셈의 풀이 방법은 여러 가지로 생각해 볼 수 있습니다. 초등 수준으로 답할 수도 있고 분배법칙을 사용해서 중학교 수준으로 답할 수도 있을 것입니다. 물론 명시적으로 '분배법칙'이라는 용어를 사용하지는 않더라도 그 성질을 이해하는 초등학교 학생들도 많이 있습니다. 우리나라의 초등학교 수학 교과서에서는 대분수를 가분수로 고친 뒤에 분수의 나눗셈을 하는 방법으로 설명하고 있습니다. 물론 대분수의 나눗셈 이전에 분모가 같지 않은 분수들의 나눗셈을 배우도록 되어 있는데, 이는 뒤에서 좀더 자세히 다루기로 하고 우선 리핑 마가 제시한 나눗셈 $1\frac{3}{4} \div \frac{1}{2}$의 여러 가지 방법을 알아보겠습니다.

① $\dfrac{1}{2}$을 $1 \div 2$로 생각해서 계산하는 경우

$$1\dfrac{3}{4} \div \dfrac{1}{2} = 1\dfrac{3}{4} \div (1 \div 2) = 1\dfrac{3}{4} \div 1 \times 2 = 1\dfrac{3}{4} \times 2 \div 1 = \dfrac{7}{4} \times 2 = \dfrac{7}{2}$$

② $\div \dfrac{1}{2}$을 $\times \dfrac{2}{1}$로 생각해서 제수와 피제수에 곱하여 계산하는 경우

$$1\dfrac{3}{4} \div \dfrac{1}{2} = (1\dfrac{3}{4} \times \dfrac{2}{1}) \div (\dfrac{1}{2} \times \dfrac{2}{1}) = 1\dfrac{3}{4} \times \dfrac{2}{1} = 1\dfrac{3}{4} \times \dfrac{2}{1}$$

$$= \dfrac{7}{4} \times \dfrac{2}{1} = \dfrac{7}{2}$$

③ 분수를 소수로 고쳐서 계산하는 경우

$$1\dfrac{3}{4} \div \dfrac{1}{2} = 1.75 \div 0.5 = 3.5 = \dfrac{7}{2}$$

④ 대분수를 자연수 부분과 분수 부분의 합으로 생각해서 계산하는 경우

$$1\dfrac{3}{4} \div \dfrac{1}{2} = (1 + \dfrac{3}{4}) \times \dfrac{2}{1} = (1 \times 2) + (\dfrac{3}{4} \times 2) = 2 + \dfrac{3}{2} = \dfrac{7}{2}$$

⑤ 대분수를 자연수 부분과 분수 부분의 합으로 생각하고 분배 법칙을 이용해서 계산하는 경우

$$1\dfrac{3}{4} \div \dfrac{1}{2} = (1 + \dfrac{3}{4}) \div \dfrac{1}{2} = (1 \div \dfrac{1}{2}) + (\dfrac{3}{4} \div \dfrac{1}{2})$$

$$= (1 \times 2) + (\dfrac{3}{4} \times 2) = 2 + \dfrac{3}{2} = \dfrac{7}{2}$$

⑥ 대분수를 가분수로 고친 후, 분자는 분자끼리 분모는 분모끼리 나누어 계산하는 경우

$$1\frac{3}{4} \div \frac{1}{2} = \frac{7}{4} \div \frac{1}{2} = \frac{7 \div 1}{4 \div 2} = \frac{7}{2}$$

⑦ 대분수를 가분수로 고친 후, 분수를 자연수의 나눗셈으로 생각해서 계산하는 경우

$$1\frac{3}{4} \div \frac{1}{2} = \frac{7}{4} \div \frac{1}{2} = (7 \div 4) \div (1 \div 2) = (7 \div 4) \div 1 \times 2$$

$$= 7 \div 1 \div 4 \times 2 = (7 \div 1) \div (4 \div 2) = 7 \div 2 = \frac{7}{2}$$

⑧ 대분수를 가분수로 고친 후, 단위분수의 곱으로 생각해서 계산하는 경우

$$1\frac{3}{4} \div \frac{1}{2} = \frac{7}{4} \div \frac{1}{2} = (7 \times \frac{1}{4}) \div \frac{1}{2} = 7 \times (\frac{1}{4} \div \frac{1}{2}) = 7 \times \frac{1}{2} = \frac{7}{2}$$

이런 방법들로 분수의 나눗셈을 생각해 볼 수 있을 것입니다. 이처럼 초등학교 수학이라도 매우 다양한 방법으로 생각하면서 지도할 수 있습니다. 리핑 마는 미국 초등학교 교사의 43퍼센트만이 이 나눗셈을 정확히 할 수 있었고 그 저변에 깔려 있는 원리를 이해하고 있는 교사는 없었다고 밝히고 있습니다. 결론적으로 초등학교 수학이라 하더라도 그 저변에 깔려 있는 원리를 이해하고 있어야 수

학을 잘 지도할 수 있다고 주장합니다. 수학적인 지식이 풍부하지 못한 사람들은 아이들을 지도하면서 원리적으로 설명하기보다는 주로 절차적인 설명을 하게 됩니다. 아무리 쉬운 수학이라도 자신이 푸는 것과 다른 사람을 가르치는 것은 다르다는 것을 의미합니다. 그래서 나눗셈을 지도하는 교사나 학부모라면 나눗셈의 저변에 깔려 있는 수학적인 개념을 깊게 이해하고 있어야 합니다.

예를 들어 앞서의 나눗셈 $1\frac{3}{4} \div \frac{1}{2}$ 을 기하적으로 표현하면 어떻게 될까요? $1\frac{3}{4} \div \frac{1}{2}$ 의 몫을 구하는 것은 기하적으로는 직사각형의 넓이와 한 변의 길이를 알 때, 또다른 한 변의 길이를 구하는 문제라고 할 수 있습니다. 아래와 같이 그림으로 표현하면 직사각형의 넓이는 $1\frac{3}{4}$ 이고 한 변의 길이를 $\frac{1}{2}$ 로 하면, 다른 한 변의 길이는 $3\frac{1}{2}$ 이 되어야 합니다.

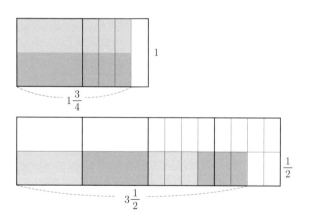

이런 원리를 응용하면, 10진수가 아닌 수의 나눗셈도 같은 원리로 생각할 수 있습니다. 3진수의 나눗셈을 위해 먼저 3진수의 곱셈을 생각해 보겠습니다.

$$21_{(3)} \times 12_{(3)}$$

두 3진수들의 곱은 어떻게 될까요? 아래와 같이 직사각형의 넓이로 생각해 보면, 풀이한 결과는 다음과 같습니다.

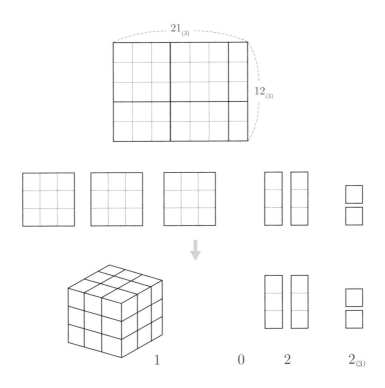

이와 같이 곱셈의 결과는 $1022_{(3)}$입니다. 이제 나눗셈 $1022_{(3)} \div$ $12_{(3)}$을 생각해 봅시다. 이를 기하적으로 생각하면, 위의 조각들로 직사각형을 만들 때 한 변의 길이를 $12_{(3)}$로 잡으면 다른 한 변의 길이가 어떻게 되는지를 알아보면 됩니다. $1022_{(3)} \div 12_{(3)} = 21_{(3)}$이 되겠지요.

분수의 나눗셈 중에도 특히 학생들이 어려워하는 것은 나누어지는 수(피제수)가 나누는 수(제수)보다 더 큰 경우입니다. 예를 들어 "길이가 $\frac{5}{6}$m인 색 테이프를 $\frac{2}{6}$m씩 자르면 몇 도막이 되는가?"와 같은 문제의 경우라면 제수가 피제수보다 작으므로 아래와 같이 생각할 수 있습니다.

$\frac{5}{6}$m를 $\frac{2}{6}$m씩 자르면 2번 자르고, 남은 $\frac{1}{6}$m에는 $\frac{2}{6}$m가 $\frac{1}{2}$ 들어가는 셈이니 이 나눗셈의 몫은 $2\frac{1}{2}$ 또는 2.5가 됩니다. 이번에는 제수가 피제수보다 큰 경우를 생각해 보겠습니다.

여러분은 왜 $\frac{2}{3} \div \frac{5}{7} = \frac{2}{3} \times \frac{7}{5}$가 되는지 알고 계신가요? 사실 $\frac{2}{3}$가 $\frac{5}{7}$보다 더 작습니다. 즉 더 작은 수를 더 큰 수로 나누는 셈입니다. 이를 알아보기 위해 먼저 자연수의 나눗셈을 생각해 보겠습니다. $3 \div 2 = \frac{3}{2} = 1.5$가 됩니다. 즉 $3 \div 2$의 몫은 1.5가 됩니다. 그러면 $3 \div 5$의 몫은 어떻게 될까요? $3 \div 5 = \frac{3}{5} = 0.6$이 됩니다. 즉 3

안에는 5가 0.6번 들어 간다고 말할 수 있을 것입니다.

이제 $\dfrac{2}{3} \div \dfrac{5}{7}$ 의 몫을 생각해 보면, 우선 분모를 통분하면 $\dfrac{2 \times 7}{3 \times 7}$ $\div \dfrac{5 \times 3}{7 \times 3}$ 이 됩니다. 분모가 같아지면 분자끼리만 나누면 됩니다. $(2 \times 7) \div (5 \times 3) = 14 \div 15 ≒ 0.93$ 이 됩니다. 나누어지는 수(피제수)가 나누는 수(제수)보다 작으면 당연히 그 몫은 1보다 작아지게 됩니다. 그런데 왜 $\dfrac{2}{3} \div \dfrac{5}{7} = \dfrac{2}{3} \times \dfrac{7}{5}$ 와 같이 제수의 역수를 곱하면 될까요? 초등학교 6학년 1학기 교과서에서는 분모가 다른 분수의 나눗셈에서 역수를 곱하는 방법을 아래와 같이 제시했습니다.

$\dfrac{2}{3} \div \dfrac{5}{7}$ 를 계산하는 다른 방법을 알아보시오.

$\dfrac{2}{3} \div \dfrac{5}{7} = \dfrac{2 \times 7}{3 \times 7} \div \dfrac{5 \times 3}{7 \times 3} = (2 \times 7) \div (5 \times 3) = \dfrac{2 \times 7}{5 \times 3}$ 입니다.

$\dfrac{2 \times 7}{5 \times 3} = \dfrac{2 \times 7}{3 \times 5}$ 이고 $\dfrac{2 \times 7}{3 \times 5}$ 은 $\dfrac{2}{3} \times \dfrac{7}{5}$ 과 같습니다.

따라서 $\dfrac{2}{3} \div \dfrac{5}{7} = \dfrac{\square}{\square} \times \dfrac{\square}{\square}$ 입니다.

이를 좀더 자세히 설명하면 다음과 같습니다.

① 계산을 위해 분모를 통분합니다.

$$\dfrac{2}{3} \div \dfrac{5}{7} = \dfrac{2}{3} \div \dfrac{5}{7} = \dfrac{2 \times 7}{3 \times 7} \div \dfrac{7 \times 3}{5 \times 3}$$

② 분모가 같으면 분자끼리 나눌 수 있습니다.

$$(2 \times 7) \div (5 \times 3) = \frac{2 \times 7}{5 \times 3}$$

③ 곱셈에서 서로 바꾸어 곱해도 같습니다.

$$\frac{2 \times 7}{5 \times 3} = \frac{2 \times 7}{3 \times 5}$$

④ 이 식을 다시 두 분수의 곱의 꼴로 나타낼 수 있습니다.

$$\frac{2 \times 7}{3 \times 5} = \frac{2}{3} \times \frac{7}{5}$$

따라서 $\frac{2}{3} \div \frac{5}{7} = \frac{2}{3} \times \frac{7}{5}$ 이 됩니다. 이는 결국 나누는 수의 분모와 분자를 바꾸어 역수를 곱하는 것과 같습니다.

개정한 초등학교 6학년 2학기 수학교과서에서는 다음과 같이 제시하고 있습니다.

$\frac{3}{5} \div \frac{2}{7}$ 를 계산하는 방법을 알아봅시다.

• $\frac{3}{5} \div \frac{2}{7}$ 를 어떻게 계산할 수 있는지 친구들과 이야기해 보세요.

• 지혜가 $\frac{3}{5} \div \frac{2}{7}$ 를 다음과 같이 계산했습니다. □ 안에 알맞은 수를 넣으세요.

$$\frac{3}{5} \div \frac{2}{7} = \frac{\boxed{}}{35} \div \frac{\boxed{}}{35} = \boxed{} \div \boxed{} = \frac{\boxed{}}{\boxed{}} = \boxed{}$$

• 분모가 다른 (분수) ÷ (분수)의 계산 방법을 이야기해 보세요.

이 교과서에서는 $\frac{3}{5} \div \frac{2}{7}$ 를 어떻게 계산할 수 있을지 친구들과 이야기하면서 통분에 대한 생각을 해 보도록 하고 있습니다. 그리고 다른 캐릭터(지혜)가 계산한 방법의 빈 곳을 채우면서 생각해 보도록 하고 있습니다.

또다른 접근 방법으로 $\frac{4}{5} \div \frac{2}{3}$ 의 계산 방법을 다음과 같이 제시하기도 합니다.[7]

$\frac{4}{5} \div \frac{2}{3}$ 를 계산하는 방법을 알아봅시다.

• 통의 $\frac{1}{3}$ 을 채울 수 있는 바닷물의 양은 어떻게 구할 수 있나요?

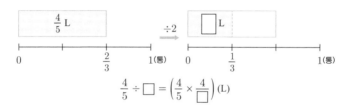

$$\frac{4}{5} \div \square = \left(\frac{4}{5} \times \frac{4}{\square} \right) \text{(L)}$$

• 한 통을 가득 채울 수 있는 바닷물의 양은 어떻게 구할 수 있나요?

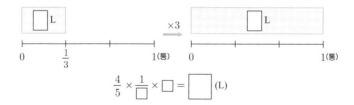

$$\frac{4}{5} \times \frac{1}{\square} \times \square = \square \text{ (L)}$$

• $\frac{4}{5} \div \frac{2}{3}$ 를 $\frac{4}{5} \div \frac{3}{2}$ 으로 나타낼 수 있는지 이야기해 보세요.

• (분수) ÷ (분수)를 (분수) × (분수)로 나타내는 방법을 이야기해 보세요.

$\frac{4}{5} \div \frac{2}{3}$ 를 계산하기 위해 $\frac{4}{5}$L가 $\frac{2}{3}$통이라고 생각한 후에, 우선 이 통의 $\frac{1}{3}$을 채울 수 있는 물의 양을 생각해 보도록 합니다. 이는 $\frac{4}{5}$의 반(÷2)이고, 원래 양의 $\frac{1}{2}$배임을 그림을 통해 이해하도록 합니다. 즉 $\frac{4}{5} \div 2 = (\frac{4}{5} \times \frac{1}{2})$이 됨을 이해하도록 합니다. 그리고 한 통의 물을 채우려면 그 양이 어떻게 되는지 생각해 보도록 합니다. 이는 $\frac{1}{3}$통, 즉 $\frac{4}{5} \times \frac{1}{2}$의 3배가 되므로 $\frac{4}{5} \times \frac{3}{2}$입니다.

따라서 $\frac{4}{5} \div \frac{2}{3} = \frac{4}{5} \times \frac{3}{2}$이 됨을 알 수 있습니다. 그리고 나서 (분수)÷(분수)를 (분수)×(분수)로 나타내는 일반적인 방법을 이야기해 보도록 합니다.

그런데 이 방법은 초등학교 학생의 수준에서 왜 이렇게 전개가 되는지 이해하기가 그리 쉽지 않습니다. 초등학교 수준에서 좀더 쉽게 이해할 수 있는 방법에 대한 연구를 지속할 필요가 있습니다. 그러지 않으면 결국 많은 학생들은 과정보다는 결과(제수의 역수를 곱한다)만을 기억하게 됩니다. 그렇게 되면 이 공식만이 아니라 그 뒤로도 모든 공식에서 왜 그렇게 되는지 과정을 알기보다 계속 공식 그 자체만 기억하게 될 것입니다.

하지만 수학을 배운다는 것은, 단순히 주어진 문제를 잘 푸는 훈련에 집중하기보다는 왜 결과가 그렇게 나오는지를 이해할 수 있도록 하는 과정이어야 합니다. 더 나아가 결과가 어떻게 나왔는지 자신이 이해한 내용을 설명할 수 있도록 하는 것이 좋습니다. 다른 사람에게 자신이 알고 있는 것을 자신의 말로 잘 설명하기 위해서는 그만큼 그 개념을 잘 이해하고 있어야 하기 때문입니다. 더 나아가 그 내용을 잘 이해하지 못한 친구들이 이해할 수 있도록 가르친다면 더 좋을 것입니다. 수학에서는 잘 푸는 것보다 잘 설명하는 것이 더 이해를 잘한 것이고, 잘 설명하는 것보다 잘 가르치는 것이 더 이해를 잘한 것이기 때문입니다.

이렇듯 수학 문제를 잘 푸는 것과 잘 지도하는 능력은 다릅니다. 수학을 잘 지도하려면 수학이 작동되는 저변에 깔려 있는 원리를 잘 이해할 수 있어야 합니다. 학생들도 단순한 계산 문제가 아닌 다양한 응용 문제를 잘 해결하려면 원리적인 이해를 기반으로 수학을 학습할 필요가 있습니다. 수학에서 원리를 알고 공부하면 '하나를 깨쳐서 열을 이해하게' 될 것입니다.

3부
외우지 않고
수학 공식 이해하기

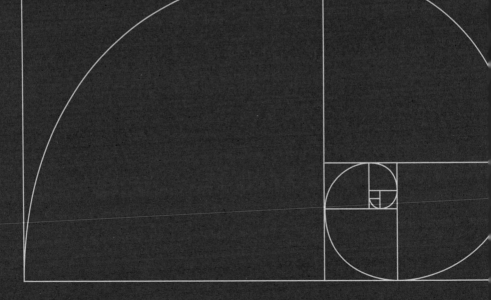

어떤 수든지
쉽게 배수를 판정하는 법

약수와 배수에 대해서는 초등학교 5학년에서 처음으로 배웁니다. 처음 배수를 배우는 단계이기 때문에, 예를 들어 2를 1배, 2배, 3배 한 2, 4, 6, …과 같은 수를 2의 배수로 정의합니다. 또 반대로 2는 이 수들의 약수라고 합니다. 따라서 1은 모든 수의 약수입니다. 어떤 수든 1과 곱하면 항상 자기 자신의 수가 되기 때문입니다. 특히 1과 자기 자신의 수만을 약수로 가지는 수를 소수素數, prime number라고 합니다.

그렇다면 음수의 경우는 어떨까요? 물론 초·중·고등학교에서는 양수인 경우만 다루기 때문에 이 질문에 익숙하지는 않을 것입니다. −6은 2의 배수일까요? 이를 확인하려면 약수와 배수의 수학적인 정의를 알아보는 것이 좋을 것입니다. 수학적으로는 다음과 같이 약수와 배수를 정의합니다.

$$a=bk(k\text{는 정수})\text{일 때, } a\text{는 } b\text{의 배수, } b\text{는 } a\text{의 약수라고 한다.}$$

$-6=2\times(-3)$으로 나타낼 수 있으므로, 위의 정의에 따라 -6은 2의 배수가 되고 2는 -6의 약수가 될 수 있습니다. 그러면 0은 모든 수의 배수일까요? 그렇습니다. $0=b\times0$으로 쓸 수 있고 0도 정수이므로 $k=0$일 수도 있기 때문입니다. 0이 모든 수의 배수이니, 모든 수는 0의 약수이기도 합니다. 0은 모든 자연수보다 작은 가장 작은 수이지만 그 모든 수의 배수가 됩니다. 이는 우리의 상식과는 배치되는 것으로, 어찌 보면 가장 작은 것이 가장 큰 것이 될 수 있고, 가장 큰 것이 가장 작은 것이 될 수 있다고도 할 수 있습니다.

이렇게 수학을 배우면서도 우리 삶의 문제와 연계하여 해석하면서 세상과 인간을 보는 눈을 좀더 넓고 깊게 할 수가 있습니다. 수학은 단순히 계산을 위한 것이 아니라 우리의 삶을 더 풍부하게 해주는 것입니다.

이제 배수판정법을 알아보겠습니다. 먼저 예를 들어 127894 56739가 어떤 수의 배수가 되는지 정리하면 다음 쪽의 표와 같습니다.

주어진 수	주어진 수의 배수 판정 방법	12789456739	판정
1	모든 수	1은 모든 수의 약수이므로 1의 배수	○
2	일의 자리 수: 0, 2, 4, 6, 8	일의 자리가 9이므로 배수 아님	×
3	모든 자리의 수의 합이 3의 배수	1+2+7+8+9+ 4+5+6+7+3+9 =61 → 6+1=7 (3의 배수가 아님)	×
4	끝 두 자리의 수가 00이거나 4의 배수	39 (4의 배수가 아님)	×
5	일의 자리의 수가 0 또는 5	일의 자리가 9이므로 배수 아님	×
6	2의 배수이면서 동시에 3의 배수	3의 배수도 2의 배수도 아님	×
7	일의 자리 수부터 3자리씩 끊어서 번갈아 빼고 더하기를 반복한 결과(음수가 나오면 부호를 반대로)가 0이거나 7의 배수(일의 자리부터 3자리씩 끊었을 때 홀수번째 수끼리의 합과 짝수번째 수끼리의 합의 차가 0이거나 7의 배수): 6132784의 경우 6/132/784 → 6−132+784 =658로 7의 배수이므로 원래 수가 7의 배수	12/789/456/739 → 12−789+456−739= 1060 → 1/060 → 1−60 = −59 (7의 배수가 아님)	×
8	마지막 세 자리 수가 000이거나 8의 배수	739÷8은 나누어떨어지지 않으므로 8의 배수가 아님	×

주어진 수	주어진 수의 배수 판정 방법	12789456739	판정
9	모든 자리의 수의 합이 9의 배수	1+2+7+8+9+4+5 +6+7+3+9=61 (9의 배수가 아님)	×
10	일의 자리의 수가 0	일의 자리가 9이므로 배수 아님	×
11	뒤에서 3자리씩 끊었을 때 홀수번째 수끼리의 합과 짝수번째 수끼리의 합의 차가 0이거나 11의 배수	차가 59(위의 7의 배 수 판정 참조)이므로 11의 배수가 아님	×
12	3의 배수이면 동시에 4의 배수인 수	3의 배수도 4의 배수 도 아님	×
13	뒤에서 3자리씩 끊었을 때 홀수번째 수끼리의 합과 짝수번째 수끼리의 합의 차가 0이거나 13의 배수	차가 59이므로 13의 배수가 아님	×

이제 왜 위와 같이 배수를 판정하게 되는지 이유를 알아보겠습니다.

2의 배수 판정법

일의 자리의 수가 2의 배수, 즉 0, 2, 4, 6, 8이면 2의 배수가 됩니다. 두 자리 이상의 수는 'A×10+ 일의 자리 수'이고 10은 2의 배수이므로, 일의 자리의 수만 따져보면 됩니다. 예를 들어 3574는 2의 배수이고, 45797은 2의 배수가 아닙니다.

3의 배수 판정법

각 자리의 수들의 합이 3의 배수이면 3의 배수가 됩니다. 예를 들어 abcdef로 쓰는 수라면 이는 $100000a+10000b+1000c+100d+10e+f$라는 의미이고

$$100000a+10000b+1000c+100d+10e+f$$
$$= (100000-1+1)a+(10000-1+1)b+(1000-1+1)c$$
$$+(100-1+1)d+(10-1+1)e+f$$
$$= 99999a+9999b+999c+99d+9e+(a+b+c+d+e+f)$$
$$= (33333a+3333b+333c+33d+3e)\times3$$
$$+(a+b+c+d+e+f)$$

이므로, $a+b+c+d+e+f$가 3의 배수이면 abcdef가 3의 배수가 됩니다. 자릿수가 더 늘어나도 마찬가지입니다. 예를 들어 3417(3+4+1+7=15)은 3의 배수이고, 1579(1+5+7+9=22)는 3의 배수가 아닙니다.

4의 배수 판정법

끝 두 자리의 수가 00이거나 4의 배수이면 4의 배수가 됩니다. abcdef라는 수를 생각해 보면,

$$100000a+10000b+1000c+100d+10e+f$$
$$= (1000a+100b+10c+d)\times100+10e+f$$

로 100이 4의 배수이므로, $10e+f$가 4의 배수이면 abcdef가 4의

배수가 됩니다. 자릿수가 더 늘어나도 마찬가지입니다. 예를 들어 5472(72가 4의 배수)는 4의 배수이고, 4589(89는 4의 배수가 아님)는 4의 배수가 아닙니다.

5의 배수 판정법

일의 자리 수가 0 또는 5이면 5의 배수가 됩니다. abcdef라는 수를 생각해 보면,

$$100000a+10000b+1000c+100d+10e+f$$

$$= (20000a+2000b+200c+20d+2e)\times5+f$$

이므로, f가 0 또는 5이면 abcdef가 5의 배수가 됩니다. 이는 자릿수가 더 많아도 마찬가지가 됩니다. 예를 들어 12370은 5의 배수이고, 14583은 5의 배수가 아닙니다.

6의 배수 판정법

짝수(2의 배수)이고 3의 배수(각 자리 수의 합이 3의 배수)이면 6의 배수가 됩니다. 6의 배수는 2의 배수인 동시에 3의 배수여야 하기 때문입니다. 예를 들어 32436은 6의 배수이고, 14548(2의 배수이지만 3의 배수가 아님)은 6의 배수가 아닙니다.

7, 11, 13의 배수 판정법

일의 자리부터 3자리씩 끊어서 번갈아 빼고 더하기를 반복한

결과를 통해 7, 11, 13의 배수를 확인할 수 있는 까닭은 7×11×13=1001이기 때문입니다. abcdefghijk라는 수를 생각해 보면,

$$(10010000000-1001000+1001-1)\times ab$$
$$+ (1001000-1001+1)\times cde + (1001-1)\times fgh + ijk$$
$$= (10010000000-1001000+1001)\times ab$$
$$+ (1001000-1001)\times cde + (1001)\times fgh$$
$$-ab+cde-fgh+ijk$$
$$= [(10000000-1000+1)\times ab + (1000-1)\times cde + fgh]\times$$
$$1001 - (ab-cde+fgh-ijk)$$

이때 1001(=7×11×13)이 7, 11, 13의 배수이므로. ab−cde+fgh−ijk가 7이나 11 또는 13의 배수라면 각각 7, 11, 13의 배수가 됩니다. 자릿수가 더 늘어나도 마찬가지입니다. 예를 들어 1245715478을 세 자리씩 끊은 1/245/715/478에서 (1+715)−(245+478)=−7이므로, 이 수는 7의 배수이지만 11과 13의 배수는 아닙니다.

이 외에도 7의 배수를 판정하는 방법은 여러 가지가 있는데, '스펜스Spence 방법'으로 불리는 방법은, 일의 자리 수를 2배한 뒤에 이를 일의 자리의 수를 제외하고 남은 수에서 뺀 수가 7의 배수인지 알아보는 것입니다. 큰 수의 경우에는 이 방법을 반복해서 수의 크기를 줄여가면서 배수인지 아닌지 알아볼 수 있습니다. 자릿수가 작은 수라면 위의 방법보다 간단하지만 수가 커지면 좀 더 오래 걸리

기는 합니다.

위에서 예시한 12789456739를 생각해 보면,

$$
\begin{array}{r}
1278945673 \\
- 18 \quad \leftarrow 2 \times 9 \\
\hline
1278945655
\end{array}
\qquad
\begin{array}{r}
12788 \\
- 10 \quad \leftarrow 2 \times 5 \\
\hline
12778
\end{array}
$$

$$
\begin{array}{r}
127894565 \\
- 10 \quad \leftarrow 2 \times 5 \\
\hline
127894555
\end{array}
\qquad
\begin{array}{r}
1277 \\
- 16 \quad \leftarrow 2 \times 8 \\
\hline
1261
\end{array}
$$

$$
\begin{array}{r}
12789455 \\
- 10 \quad \leftarrow 2 \times 5 \\
\hline
12789445
\end{array}
\qquad
\begin{array}{r}
126 \\
- 2 \quad \leftarrow 2 \times 1 \\
\hline
124
\end{array}
$$

$$
\begin{array}{r}
1278944 \\
- 10 \quad \leftarrow 2 \times 5 \\
\hline
1278934
\end{array}
\qquad
\begin{array}{r}
12 \\
- 8 \quad \leftarrow 2 \times 4 \\
\hline
4
\end{array}
$$

$$
\begin{array}{r}
127893 \\
- 8 \quad \leftarrow 2 \times 4 \\
\hline
127885
\end{array}
$$

이렇게 얻은 4가 7의 배수가 아니므로, 12789456739은 7의 배수가 아닙니다. 이때 4는 12789456739는 7로 나누었을 때의 나머지이기도 합니다. 그런데 왜 이렇게 되는지를 설명하려면 약간 복잡합니다.

abcde가 7의 배수라면, 10000a+1000b+100c+10d+e=7k라 놓을 수 있습니다. 이를 정리하면 $(1000a+100b+10c+d)=$ $\dfrac{7k-e}{10}$ 이고, 여기에서 2e를 빼면 $\dfrac{7k-e}{10}-2e=\dfrac{7k-21e}{10}=$ $7\times(\dfrac{k-3e}{10})$로 7의 배수가 됩니다. 같은 원리로, 일의 자리 수를 4배한 뒤에 이를 일의 자리의 수를 제외하고 남은 수에 더한 수가 13의 배수이면 원래의 수도 13의 배수입니다. abcde가 13의 배수라면 10000a+1000b+100c+10d+e=13k라 놓을 수 있고, $(1000a+100b+10c+d)=\dfrac{13k-e}{10}$에 4e를 더하면 $\dfrac{13k-e}{10}$ $+4e=\dfrac{13k+39e}{10}=13\times(\dfrac{k+3e}{10})$로 13의 배수가 되기 때문입니다.

8의 배수 판정법

끝의 세 자리 수가 000이거나 8의 배수이면 8의 배수가 됩니다. abcdef라는 수를 생각해 보면,

100000a+10000b+1000c+100d+10e+f

= (100a+10b+c)×1000+100d+10e+f

이때 1000(=8×125)은 8의 배수이므로 100d+10e+f가 8의 배수이면 abcdef가 8의 배수가 됩니다. 자릿수가 더 늘어나도 마찬가지입니다. 예를 들어 15472(472는 8의 배수)은 8의 배수이고, 45891(891÷8은 나누어떨어지지 않음)은 8의 배수가 아닙니다.

9의 배수 판정법

각 자리 수의 합이 9의 배수이면 9의 배수가 됩니다. abcdef 라면,

$$100000a + 10000b + 1000c + 100d + 10e + f$$

$$= (100000 - 1 + 1)a + (10000 - 1 + 1)b + (1000 - 1 + 1)c$$
$$+ (100 - 1 + 1)d + (10 - 1 + 1)e + f$$

$$= 99999a + 9999b + 999c + 99d + 9e + (a + b + c + d + e + f)$$

$$= (11111a + 1111b + 111c + 11d + 1e) \times 9$$
$$+ (a + b + c + d + e + f)$$

이므로, a+b+c+d+e+f가 9의 배수이면 abcdef도 9의 배수가 됩니다. 자릿수가 더 늘어도 마찬가지입니다. 예를 들어 32427(3+2+4+2+7=18)은 9의 배수이고, 256537(2+5+6+5+3+7=28)은 9의 배수가 아닙니다.

어떤 수를 27이나 37로 나누었을 때 나머지 구하는 방법

위에서 살펴본 방법들을 응용해서 큰 수를 27이나 37로 나누었을 때 나머지 구하는 방법을 생각해 보겠습니다. 예를 들어 9357948을 27이나 37로 나누는 경우를 생각해 보겠습니다. 우선 9357948을 일의 자리부터 세 자리씩 끊어서 모두 더합니다.

$$9/357/948 \rightarrow 9 + 357 + 948 = 1314 \rightarrow 1 + 314 = 315$$

이렇게 얻은 세 자리 수 315를 27이나 37로 나눈 나머지 18 또는 19는, 원래의 수 9357948을 27이나 37로 나눈 나머지와 같습니다. 나머지가 0이라면 27이나 37의 배수라고 할 수 있겠지요.

이는 $1000 = 999 + 1 = (27 \times 37) + 1$, 즉 1000을 27이나 37로 나눈 나머지가 1이라는 점을 이용하는 것입니다.

$$9357948 = 9 \times (1000 \times 1000) + 357 \times 1000 + 948$$

$$= 9 \times ((999+1) \times (999+1)) + 357 \times (999+1) + 948$$

$$= \{(9 \times (999+1) + 357)\} \times ((999+1) + 948$$

$$= \{(9 \times (999+1) + 357)\} \times 999 + \{(9 \times (999+1) + 357)\} + 948$$

$$= \{(9 \times (999+1) + 357)\} \times 999 + 9 \times 999 + (9 + 357 + 948)$$

$$= \{(9 \times (999+1) + 357)\} \times (27 \times 37) + 9 \times (27 \times 37)$$
$$+ (9 + 357 + 948)$$

따라서 이 수를 27이나 37로 나누면 그 나머지는 9+357+ 948을 27이나 37로 나눈 나머지와 같아지는 것입니다.

근의 공식을 이해하고
활용하는 법

수학을 공부하면서 문제를 효과적으로 해결하려면 많은 공식들을 알고 있어야 합니다. 예를 들어 '근의 공식' 같은 것들입니다. 중학교에서 배우는 이차방정식의 근의 공식은 다음과 같습니다.

$$x = \frac{-b \pm \sqrt{b^2 - 4ac}}{2a}$$

이차방정식의 근은 이차방정식의 계수를 이용하면 간단하게 구할 수 있습니다. 그런데 중학교 때 배우긴 했지만, 이 공식이 어떻게 나왔는지 정확히 알고 있는 사람들은 그리 많지 않을 것입니다. 아마도 지금 며칠 전에 이를 배운 학생들에게 물어봐도, 이 공식을 이용해 근을 빠르게 구할 수는 있지만 왜 이렇게 하면 근을 구할 수 있는지 바르게 설명할 수 있는 학생은 많지 않을 것입니다.

이 공식은 이차방정식의 표준식으로부터 다음과 같이 유도할 수 있습니다.

$$ax^2 + bx + c = 0$$

$$x^2 + \frac{b}{a}x + \frac{c}{a} = 0 \quad \text{양변을 } a(a \neq 0) \text{로 나눈다}$$

$$(x + \frac{b}{2a})^2 - \frac{b^2}{4a^2} + \frac{c}{a} = 0 \quad \text{1차항이 사라지도록 거듭제곱꼴로 변형한다}$$

$$(x + \frac{b}{2a})^2 = \frac{b^2}{4a^2} - \frac{c}{a} = \frac{b^2 - 4a^2 c}{4a^2} \quad \text{이항해서 정리한다}$$

$$x + \frac{b}{2a} = \pm \sqrt{\frac{b^2 - 4ac}{4a^2}}$$

$$x = \pm \sqrt{\frac{b^2 - 4ac}{4a^2}} - \frac{b}{2a} = \frac{-b}{2a} \pm \frac{\sqrt{b^2 - 4ac}}{2a}$$

$$\therefore x = \frac{-b \pm \sqrt{b^2 - 4ac}}{2a}$$

이와 같이 이차방정식의 표준식에서 유도한 것이므로, 근이 이렇게 되는 것은 당연한 것입니다. 일차방정식은 직선으로 나타낼 수 있고, 학생들은 근을 쉽게 구할 수 있습니다. 이차방정식부터는 곡선의 형태가 되고 차수가 높아질수록 곡선이 $(n-1)$번씩 꺾이는 모양이 됩니다. 다음 도표로 정리한 것과 같이 차수가 올라가면서 해를 구하거나 그래프를 그리는 것이 급격하게 복잡해지는 것이지요. 그래서 고등학교 과정까지 삼차방정식 이상은 인수분해로 차수를 낮추어 근(해)을 구하게 됩니다.

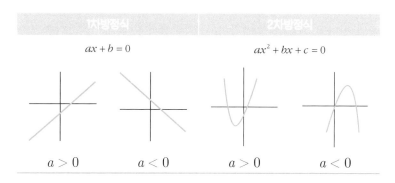

1차방정식
$$ax + b = 0$$

2차방정식
$$ax^2 + bx + c = 0$$

$a > 0$ $\quad$ $a < 0$ $\quad$ $a > 0$ $\quad$ $a < 0$

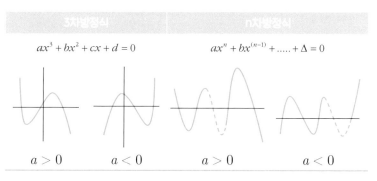

3차방정식
$$ax^3 + bx^2 + cx + d = 0$$

n차방정식
$$ax^n + bx^{(n-1)} + \ldots + \Delta = 0$$

$a > 0$ $\quad$ $a < 0$ $\quad$ $a > 0$ $\quad$ $a < 0$

수평축은 x축 수직축은 y축을 나타내고, 교점은 (0,0)을 나타낸다.

그런데 이차방정식의 근을 구하는 공식에서 루트($\sqrt{}$) 안에 있는 부분을 일반적으로 '판별식(D)'이라고 합니다. 그 이유는 0을 기준으로 이 안의 값이 0보다 크면 두 실근을 가지고, 0이면 중근을, 그리고 0보다 작으면 허근을 가지기 때문입니다.

이차방정식의 두 실근을 a, β라고 할 때(즉 a 또는 β를 x 대신 넣으면 방정식을 만족할 때), 이를 수식으로 표현하면 $ax^2+bx+c=(x-a)(x-\beta)=0$이고, 이는 이 방정식을 그래프로 표현한 곡선이 $x=a$와 $x=\beta$일 때 x축과 만난다는 뜻입니다. 중근을 가진다면 $x=a(=\beta)$일 때 x축과 만나고 허근, 즉 a, β가 실수 범위에서 존재하지 않는다면 x축과 만나지 않습니다. 판별식 $D=b^2-4ac$에 따라 이차방정식 및 이차부등식의 해가 어떻게 달라지는지를 정리하면 아래와 같습니다.

이차방정식	$D < 0$	$D = 0$	$D > 0$
$y=ax^2+bx+c$ $(a>0)$			
$ax^2+bx+c > 0$	$x < a$ 또는 $x > \beta$	$x \neq a$인 모든 실수	모든 실수
$ax^2+bx+c \geq 0$	$x \leq a$ 또는 $x \geq \beta$	모든 실수	모든 실수
$ax^2+bx+c < 0$	$a < x < \beta$	해가 없음	해가 없음
$ax^2+bx+c \leq 0$	$a \leq x \leq \beta$	$x=a$	해가 없음

이를 활용하면, 예를 들어 고등학교에서 배우는 "이차부등식 $x^2+ax+b < 0$의 해가 $2 < x < 5$일 때, 상수 a, b의 값을 구하라"는 문제를 다음과 같이 해결할 수 있습니다.

$2 < x < 5$이므로 $(x-2)(x-6) < 0$이며, 이를 정리하면 $x^2 - 7x + 24 < 0$가 되어 $a = -7, b = 24$임을 알 수 있습니다.

중학교 교과서에 나오는 다른 문제를 하나 더 알아보겠습니다.

직선 $y = mx$가 이차함수 $y = x^2 - 4x + 4$와 서로 다른 두 점에서 만나고 이차함수 $y = x^2 + 4x + 4$와는 만나지 않을 때, 실수 m의 값을 구하시오.

직선과 곡선이 어떤 점에서 만난다면, 주어진 직선과 곡선이 모두 그 점을 지날 것이므로, 서로 같다고 놓을 수 있습니다. 즉 y가 같다고 놓으면 만나는 점의 x값을 구할 수 있습니다.

① 직선 $y = mx$가 이차함수 $y = x^2 - 4x + 4$와 서로 다른 두 점에서 만난다는 조건에서는 다음과 같이 생각할 수 있습니다.

$$x^2 - 4x + 4 = mx$$
$$x^2 - (4+m)x + 16 = 0$$

이때, 서로 다른 두 점에서 만난다는 조건이 있으므로 $D > 0$이 됩니다.

$$(4+m)^2 - 16 > 0$$
$$m^2 + 8m > 0$$

$$m(m+8) > 0$$

$$\therefore m > 0 \text{ 또는 } m < -8$$

② 직선 $y = mx$가 이차함수 $y = x^2 + 4x + 4$와 서로 만나지 않는다는 조건에서는 다음과 같이 생각할 수 있습니다.

$$x^2 + 4x + 4 = mx$$

$$x^2 + (4-m)x + 4 = 0$$

이때, 서로 만나지 않는다는 조건이므로 $D < 0$이 됩니다.

$$(4-m)^2 - 16 < 0$$

$$m^2 - 8m < 0$$

$$m(m-8) < 0$$

$$\therefore 0 < m < 8$$

따라서 ①과 ②에서 공통적인 부분은 $0 < m < 8$이 됩니다.

스켐프Richard Skemp라는 학자는 수학을 이해하는 방식을 도구적 이해Instrumental Knowledge와 관계적 이해Relational Knowledge라는 두 가지로 구분했습니다. 도구적 이해는 깊은 이해 없이 공식 등을 활용해서 문제를 해결할 수 있는 수준의 지식이고, 관계적 이해는 공식이 왜 그렇게 만들어졌는지 그 수학적 원리를 알 수 있는 이해를 말합니다. 그리고 학생들은 수학 문제를 풀 때 도구적 이해뿐 아니라 관계적 이해를 할 수 있어야 한다고 강조했습니다. 근의 공식이나 판별식을 활용해서 답을 정확하게 구하는 것도 좋지만, 왜 그렇게 되는지 이유를 알려고 노력하면서 원리적으로 생각할 수 있어야 한다는 것입니다.

구체적으로 예를 들자면, 초등학생들에게는 왜 사다리꼴의 넓이가 {(윗변)+(아랫변)}×(높이)÷2인지, 중학생들이라면 왜 이차방정식의 해는 $\dfrac{-b \pm \sqrt{b^2 - 4ac}}{2a}$ 인지 설명할 수 있도록 해야 합니다. 그리고 고등학생들이라면 간단한 $\displaystyle\sum_{n=1}^{\infty} \dfrac{1}{n}$ 이 발산하는지 수렴하는지를 아는 데 그치지 않고 왜 그렇게 되는지를 알아야 할 것입니다. 그 이유는 아래와 같이 생각해 볼 수 있습니다.

$$\sum_{n=1}^{\infty} \frac{1}{n} = 1 + \frac{1}{2} + \frac{1}{3} + \frac{1}{4} + \frac{1}{5} + \cdots$$

$$= 1 + \frac{1}{2} + \left(\frac{1}{3} + \frac{1}{4}\right) + \left(\frac{1}{5} + \frac{1}{6} + \frac{1}{7} + \frac{1}{8}\right) + \cdots$$

$$> 1 + \frac{1}{2} + \left(\frac{1}{4} + \frac{1}{4}\right) + \left(\frac{1}{8} + \frac{1}{8} + \frac{1}{8} + \frac{1}{8}\right) + \cdots$$

$$= 1 + \frac{1}{2} + \frac{1}{2} + \frac{1}{2} + \cdots = \infty$$

따라서 $\displaystyle\sum_{n=1}^{\infty} \dfrac{1}{n}$ 도 발산함을 알 수 있습니다.

이렇게 수학은 주어진 조건을 잘 이해하고, 알고 있는 지식을 이 조건에 접목해서 문제를 해결해 가는 과정입니다. 이런 훈련은 아주 초보적인 수준에서부터 지속적으로 익히도록 해야 합니다. 즉 수학을 공부할 때는 간단한 문제라도 원리적으로 해결해 가면서 수학적으로 생각하는 습관을 갖도록 해야 합니다. 이런 식으로 문제를 풀어가다 보면 조금 더 복잡한 형태의 문제도 조건을 적절하게 활용해 가며 풀 수 있게 됩니다.

사다리꼴 넓이를 구하는
공식의 비밀

도형 중 수학에서 가장 기본이 되는 것은 삼각형과 사각형이라고 할 수 있습니다. 정사각형이나 직사각형의 넓이는 간단히 한 변의 길이를 제곱하거나 가로와 세로의 길이를 곱해서 구할 수 있습니다. 직사각형에서 가로와 세로의 길이를 곱하면 왜 넓이가 되는지는, 단위 넓이의 정사각형이 몇 개 들어가는지를 구하는 셈이기 때문입니다.

그렇다면 평행사변형의 넓이는 어떻게 구할까요? 평행사변형은 두 쌍의 마주보는 변이 평행한 사각형인데, 적절하게 잘라서 붙이면 항상 직사각형 모양이 되므로 넓이는 (밑변)×(높이)가 됩니다.

마름모는 네 변의 길이가 같은 사각형입니다. 마름모의 넓이는 어떻게 구할 수 있을까요?

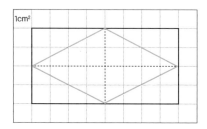

마름모의 두 대각선은 항상 직각으로 만나므로, 마름모의 넓이는 다음과 같이 구할 수 있습니다.

마름모의 넓이 = (한 대각선의 길이)×(다른 대각선의 길이)÷2

사다리꼴에 대해서는 초등학교 4학년에서 처음 배우게 됩니다. 그런데 평행사변형은 사다리꼴일까요? 초등학교 4학년에서 이를 배운 학생들은 쉽게 답을 할 것입니다. 이 질문에 대한 답을 하려면 먼저 사다리꼴의 정의를 알아야 합니다. 사다리꼴이라는 용어는 아마도 위로 갈수록 좁아지는 '사다리'에서 유래한 것 같은데, 수학에서 정의하는 사다리꼴은 우리가 일상에서 인식하는 사다리와는 거리가 있습니다. 초등학교에서 사다리꼴은 다음과 같이 정의합니다.

평행한 변이 한 쌍이라도 있는 사각형   평행

그리고 이를 이해할 수 있도록, 직사각형의 종이 띠를 잘라서 사각형 모양을 만들면 모두 사다리꼴이 된다는 것을 확인하는 활동을 합니다.

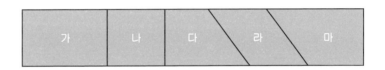

그러니 당연히 직사각형은 사다리꼴이라고 할 수 있습니다. 한 쌍만 평행하면 사다리꼴이므로 정사각형, 직사각형, 평행사변형, 마름모는 모두 사다리꼴이 됩니다. 초등학교에서 다루는 사각형의 포함관계는 다음과 같습니다.

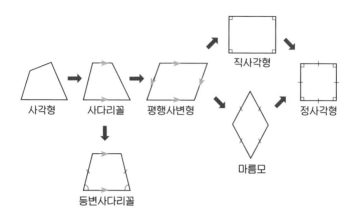

사각형 → 사다리꼴 → 평행사변형 → 직사각형 → 정사각형 → 마름모

등변사다리꼴

이제 사다리꼴의 넓이를 알아볼까요? 사다리꼴의 넓이 공식은 어떨까요? 초등학교 5학년에서 직사각형, 평행사변형, 삼각형, 마름모의 넓이와 함께 배우게 됩니다.

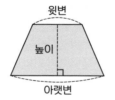

윗변

높이

아랫변

(사다리꼴의 넓이) = {(윗변) + (아랫변)} × (높이) ÷ 2

왜 사다리꼴의 넓이가 {(윗변+아랫변)}×(높이)÷2가 되는지를 생각해 보겠습니다. 우선 다음과 같이 사다리꼴을 뒤집어서 이어 붙이면 평행사변형이 된다는 점을 이용해서 생각해 볼 수 있습니다.

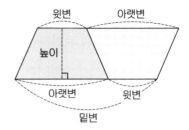

윗변 아랫변

높이

아랫변 윗변

밑변

따라서 하나의 사다리꼴의 넓이 = (평행사변형의 넓이)÷2 = (밑변)×(높이)÷2이고, 이 평행사변형의 밑변은 사다리꼴의 (윗변 +아랫변)이므로, 결국 {(윗변+아랫변)}×(높이)÷2가 됩니다.

사다리꼴의 넓이를 구하는 방법은 이 방법 이외에도 많은 방법이 있을 수 있습니다. 몇 가지 예를 들어 보겠습니다.

① 사다리꼴을 직사각형과 삼각형 두 개로 나누어 생각해 볼 수 있습니다.

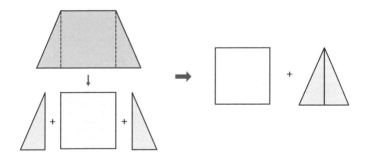

앞의 그림과 같이 삼각형 두 개를 합쳐 새로운 삼각형 하나를 만들면, 사다리꼴의 넓이는 직사각형의 넓이와 삼각형의 넓이의 합이 됩니다. 이제 단계별로 생각해 보시기 바랍니다.

사다리꼴의 넓이 = (직사각형의 넓이) + (삼각형의 넓이)

= (윗변)×(높이) + (밑변)×(높이)÷2

= {(윗변)+(윗변)}÷2×(높이) + (아랫변−윗변)×(높이)÷2

= {(윗변)+(아랫변)}×(높이)÷2

② 이번에는 사다리꼴을 평행사변형과 삼각형으로 나누어서 생각해 보겠습니다.

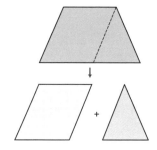

사다리꼴의 넓이 = (평행사변형의 넓이) + (삼각형의 넓이)

= (밑변)×(높이) + (밑변)×(높이)÷2

= (윗변)×(높이) + (아랫변−윗변)×(높이)÷2

= {(윗변)+(윗변)}÷2×(높이) + (아랫변−윗변)×(높이)÷2

= {(윗변)+(아랫변)}×(높이)÷2

③ 사다리꼴을 두 개의 삼각형으로 나누어서 생각해 볼 수도 있습니다.

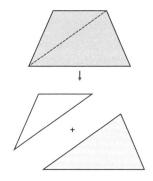

사다리꼴의 넓이 = (삼각형의 넓이) + (삼각형의 넓이)

= (밑변)×(높이)÷2 + (밑변)×(높이)÷2

= (윗변)×(높이)÷2 + (아랫변)×(높이)÷2

= {(윗변)+(아랫변)}×(높이)÷2

④ 다음 그림처럼 사다리꼴의 바깥쪽에 가상의 삼각형을 추가
해 평행사변형의 넓이를 구한 뒤에 추가했던 삼각형의 넓이
를 뺄 수도 있습니다.

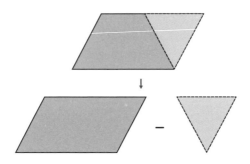

사다리꼴의 넓이 = (평행사변형의 넓이) − (삼각형의 넓이)

= (밑변)×(높이) − (밑변)×(높이)÷2

= (아랫변)×(높이) − (아랫변−윗변)×(높이)÷2

= {(아랫변)+(아랫변)}÷2×(높이) − (아랫변−윗변)×(높이)÷2

= {(윗변)+(아랫변)}×(높이)÷2

⑤ 윗변과 아랫변에 평행한 직선으로 사다리꼴의 중간을 자른
뒤 뒤집어 붙여서 평행사변형으로 만들어서 넓이를 구할 수
도 있습니다.

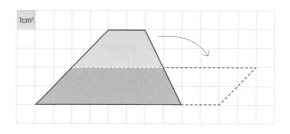

사다리꼴의 넓이 = 평행사변형의 넓이

= (밑변)×(높이)

= {(윗변)+(아랫변)}×[(사다리꼴의 높이)÷2]

⑥ 다음 그림처럼 사다리꼴을 삼각형으로 변형해서 구할 수도 있습니다.

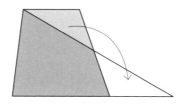

사다리꼴의 넓이 = 삼각형의 넓이

= (밑변)×(높이)÷2

= {(윗변)+(아랫변)}×(높이)÷2

⑦ 다음 그림처럼 연장선을 그어 평행사변형을 만든 뒤, 두 삼각형의 넓이를 빼서 구할 수도 있습니다.

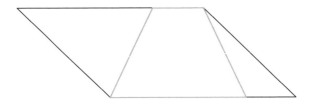

사다리꼴의 넓이

= 평행사변형의 넓이 − 삼각형의 넓이 − 삼각형의 넓이

= (윗변＋아랫변)×높이 − 아랫변×높이÷2 − 윗변×높이÷2

= [(윗변＋아랫변)＋(윗변＋아랫변)]÷2×높이 − (윗변＋아랫변) ×높이÷2

= (윗변＋아랫변)×(높이)÷2

　이처럼 수학에서는 답을 내는 것도 중요하지만 왜 그런 답이 나오는지를 알아야만 하고 단순히 공식을 암기하기보다는 왜 그런 공식이 나왔는지 아는 것이 중요합니다. 그래야 변형된 형태로 문제가 주어지더라도 스스로 해결하고 또 수학의 묘미를 느낄 수 있습니다. 따라서 자녀들을 지도할 때도 수학의 공식이나 답이 왜 그렇게 나오는지 이해하도록 격려할 필요가 있습니다. 이해 없이 수학을 배우면 오래 갈 수 없고 수학을 배우는 묘미를 느낄 수 없습니다.

원의 넓이를
구하는 공식의 비밀

원의 넓이를 A라고 하고 반지름의 길이를 r이라 하면 원의 넓이를 구하는 공식은 다음과 같습니다.

$$A = \pi r^2$$

이 공식은 초등학교 6학년에서 배우는 것으로, 아마도 원의 넓이를 구하는 공식을 모르는 사람은 거의 없을 것입니다. 그런데 왜 이런 공식이 나오는지를 아는 사람은 그리 많지 않을 것입니다. 어떻게 유도하게 될까요?

초등학교 수학 교과서에서는 다음 그림과 같이 모눈종이 위에 원을 올려놓고 모눈이 몇 개 들어가는지 대강의 어림값을 생각해서 원의 넓이를 생각해 보도록 합니다. 아래 그림에서 완전히 원의 안에 들어가는 모눈의 개수는 60개, 원 전체를 포함하는 모눈의 개수를 세어 보면 88개가 됩니다. 그러므로 원의 넓이는 모눈 60개에서 88개 사이의 크기가 됩니다.

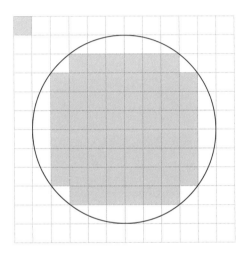

모눈의 크기가 작아질수록 원의 크기를 좀 더 정확하게 어림할 수 있을 것입니다. 다음 쪽의 그림처럼 원에 내접하거나 외접하는 정다각형의 변의 개수를 늘려가면 원의 넓이를 정확한 값에 더 가깝게 구해 갈 수 있습니다.

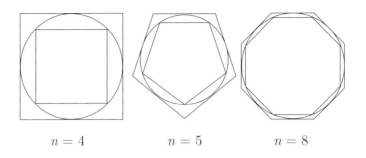

$$n = 4 \qquad n = 5 \qquad n = 8$$

고대 그리스의 수학자 아르키메데스는 기원전 250년에 이런 방법으로 원주율을 구했다고 합니다. 아르키메데스가 원에 꽉차는 정96각형과 원을 둘러싸고 있는 정96각형을 그려서 구한 원주율은 다음과 같습니다.

$$3\frac{10}{71} < \text{(원주율)} < 3\frac{1}{7}$$

다른 방법으로는, 다음 쪽의 그림처럼 원을 부채꼴로 더 잘게 잘라서 붙여 가면서 직사각형 모양에 가깝게 만들어 가는 방법이 있습니다. 그림과 같이 원을 잘라서 수평한 지름을 기준으로 위쪽에 있는 부채꼴은 직사각형의 윗부분에, 아래쪽의 부채꼴은 직사각형의 아랫부분에 붙입니다.

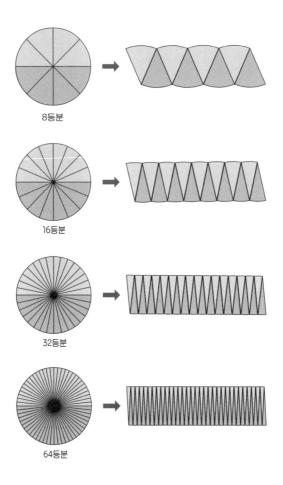

8등분

16등분

32등분

64등분

　　부채꼴의 크기가 '무한히' 작아지도록 잘라 붙이면 다음 쪽의 그림과 같은 직사각형이 됩니다. 이는 실제로 초등학교 6학년에서 제시하는 방법인데, 무한의 개념이 들어가 있어 초등학교 학생들에게 어렵다고 비판을 하는 학자들도 있지만 다른 대안적인 방법은 마땅하게 없는 것 같습니다.

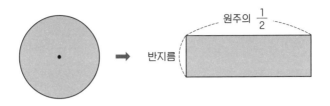

이때 원의 넓이는 아래와 같습니다.

$$\text{(원의 넓이)} = \text{(원주)} \times \frac{1}{2} \times \text{(반지름)}$$
$$= \text{(원주율)} \times \text{(지름)} \times \frac{1}{2} \times \text{(반지름)}$$
$$= \text{(원주율)} \times \text{(반지름)} \times \text{(반지름)}$$

또 다른 방법으로, 아래 그림과 같이 여러 겹으로 둘러싸인 원을 원의 중심까지 한 겹씩 얇게 잘라 펼쳐서 만들어지는 직각삼각형으로 넓이를 구할 수도 있습니다.[1]

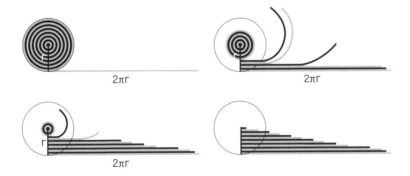

이렇게 잘라 펼쳐서 만든 직각삼각형의 넓이는 원의 넓이와 같으므로 다음과 같이 구할 수 있습니다.

$$
\begin{aligned}
(\text{원의 넓이}) &= (\text{밑변}) \times (\text{높이}) \times \frac{1}{2} \\
&= (\text{원주}) \times (\text{반지름}) \times \frac{1}{2} \\
&= (\text{지름}) \times (\text{원주율}) \times (\text{반지름}) \times \frac{1}{2} \\
&= (\text{원주율}) \times (\text{반지름}) \times (\text{반지름})
\end{aligned}
$$

이와 비슷한 방법으로 아래와 같이 원의 중심까지 잘라 펼쳐서 만들어지는 이등변삼각형의 넓이를 구할 수도 있습니다. 마찬가지로 이 삼각형의 밑변은 원주(지름×원주율)이고 높이는 반지름입니다.

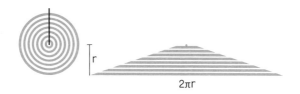

고등학교 수준에서는 삼각함수와 미분법을 이용해서 다음과 같이 생각해 볼 수 있습니다. 원에 내접하는 정n각형을 그리고, 원의 중심을 지나는 대각선으로 나누어 만들어지는 이등변삼각형의 넓

이를 구해서 원의 넓이를 구할 수 있습니다. 일단 편의상 정육각형에서 생각해 보겠습니다.

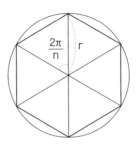

이때 쪼개진 삼각형 하나의 넓이는

$$S_1 = \frac{1}{2}ab\sin\theta = \frac{1}{2}r^2\sin\frac{2\pi}{6}$$

이고, 이를 정n각형으로 확장하면 $S_1 = \dfrac{1}{2}r^2\sin\dfrac{2\pi}{n}$ 이 됩니다. 따라서 정다각형의 넓이는 이 삼각형의 넓이를 n배한

$$S_n = \frac{1}{2}nr^2\sin\frac{2\pi}{n}$$

가 되는데, 이 식에서 n을 무한대로 보내면(즉 무한히 많은 삼각형으로 잘게 자르면) 원의 넓이와 같아집니다.

$$\lim_{n \to \infty} S_n = \lim_{n \to \infty} \frac{1}{2} n r^2 \sin \frac{2\pi}{n}$$

$$= \lim_{t \to 0} \frac{r^2 \sin \pi t}{t} \quad \text{t = } \tfrac{2}{\text{n}} \text{로 놓으면}$$

$$= \pi r^2 \lim_{t \to 0} \frac{\sin \pi t}{\pi t} \quad \text{분모와 분자에 π를 곱하면}$$

$$= \pi r^2 \lim_{t \to 0} \frac{\sin \pi t - \sin 0}{\pi t - 0} \quad \begin{array}{l}\text{분모와 분자에서}\\ \text{각각 0과 sin0=0을 빼면}\end{array}$$

$$= \pi r^2 (\sin x)'_{x=0} \quad \text{미분의 정의에 따라}$$

$$= \pi r^2 \cos 0 \quad \because \text{(sin x)'=cosx}$$

$$= \pi r^2 \quad \text{cos0=0이므로}$$

이 외에도 호의 길이를 이용하는 방법, 적분을 활용한 방법 등 다양한 방법들이 있지만, 약간 복잡한 과정이라 소개를 생략합니다. 관심이 있는 분들은 더 찾아서 공부해 보시기 바랍니다.

원의 넓이와 관련된 재미있는 문제들도 있습니다. 다음 그림과 같이 정사각형에 꼭 차도록 원을 1개, 4개, 9개를 그릴 때, 각각의 정사각형 안에서 원들이 차지하는 넓이는 모두 같을까요? 다르다면 ① 큰 원 1개의 넓이, ② 그보다 작은 크기의 원 4개의 넓이, ③ 가장 작은 원 9개의 넓이 중 가장 작은 것과 가장 큰 것은 어느 것일까요?

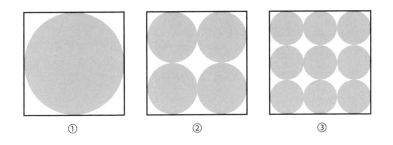

①   ②   ③

정사각형의 한 변의 길이를 12라고 가정하면 각각의 원들이 차지하는 넓이는 다음과 같습니다.

①의 넓이 $= 6 \times 6 \times \pi = 36\pi$

②의 넓이 $= 3 \times 3 \times \pi \times 4 = 36\pi$

③의 넓이 $= 2 \times 2 \times \pi \times 9 = 36\pi$

이처럼 크기가 같은 정사각형에 같은 크기의 원 여러 개를 꽉 채워 그리면, 원의 개수와 상관없이 원들이 차지하는 넓이는 같게 됩니다.

같은 원리를 다음 그림과 같은 입체 도형에도 적용할 수 있을까요? 크기가 같은 여러 개의 구를 정육면체에 내접하도록 채웠을 때도 마찬가지로 구의 개수를 달리 한 각각의 정육면체에서 구들이 차지하는 부피는 같아집니다. 반지름이 r일 때, 구의 부피는 $V = \dfrac{4}{3}\pi r^3$가 되는 것을 이용해서 직접 계산해 보시기 바랍니다.

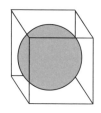 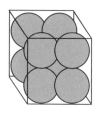 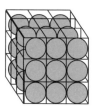

한 변의 길이가 12이라면, $6 \times 6 \times 6 \times \pi \times \dfrac{4}{3} = 3 \times 3 \times 3 \times \pi \times \dfrac{4}{3}$ $\times 8 = 2 \times 2 \times 2 \times \pi \times \dfrac{4}{3} \times 27 = 288\pi$입니다.

이번에는 거꾸로 다음과 그림과 같이 반지름이 1인 원 6개를 배열하는 방법에 따라 원들을 둘러싼 둘레의 길이가 어떻게 될지 비교해 보겠습니다.

①   ②   ③   ④   ⑤

다음 그림과 같이 생각해 보면, ①부터 ④까지는 둘레의 길이가 $12 + 2\pi$로 모두 같습니다. 다만 ⑤의 경우에만 $8 + 2\pi + 2\sqrt{3}$ 으로 가장 짧아집니다.

①   ②   ③   ④   ⑤

왜 이렇게 되는지는, 다른 부분이 모두 같고 원 하나의 위치만 다른 ③과 ⑤를 비교해 보면 알 수 있습니다. 원이 바깥쪽으로 그려진 ③에서는 그 부분의 둘레가 반지름의 4배인데 ⑤의 아래쪽 변의 길이는 그보다 짧기 때문입니다.

원주율은 예로부터 다양한 문제를 해결하는 데 사용되었습니다. 원주율은 약 3.14이므로, 원주가 지름의 약 3.14배가 된다는 뜻입니다. 이 사실을 어디에 활용할 수 있을까요? 지름을 알고 있을 때 원주를 계산하거나, 거꾸로 원주를 알고 있을 때 직접 재 보지 않고도 지름이나 반지름의 길이를 구할 수 있을 것입니다.

몇 해 전 숭례문이 불에 탄 적이 있습니다. 이를 복원하는 데는 지름이 큰 금강송 소나무를 사용하는데, 복원에 필요한 나무들을 파악하려면 일단 눈대중으로 보고 그 많은 나무들을 다 잘라서 정확한 지름을 재야 할까요? 물론 소위 원통형의 지름을 재는 캘리퍼스 같은 도구가 있기는 하지만 주로 작은 물체를 재기에 적절하고 더 큰 도구를 만든다 해도 들고 다니기가 쉽지 않을 것입니다. 하지만 줄자만 있으면 소나무의 둘레는 간단히 잴 수 있을 것입니다. 원주를 알면 거꾸로 원주를 원주율로 나눠서 지름을 구할 수 있습니다.

또 자동차에는 주행기록을 나타내는 계기판이 있습니다. 어떻게 자동차의 총 주행거리를 구할 수 있을까요? 바퀴가 회전한 회전수에 바퀴의 원주를 곱하도록 되어 있겠지요. 물론 요즈음은 인공위성을 이용해 바로 움직인 거리를 계산하기도 하지만, 이 기술 또한 수학적인 아이디어에 기반한 것입니다.

이처럼 수학은 언제나 우리의 삶 속에 늘 존재하고 적절하게 적용이 되고 있으며, 디자인에 응용되기도 합니다.

원과 관련된 예로는 아폴로니우스의 개스킷Apollonian Gasket을 꼽을 수 있습니다. 아래 그림처럼 합동인 원 3개를 서로 접하도록 그린 뒤에, 그 원들에 접하는 원을 계속해서 그려 나간 것입니다. 이 과정은 무한히 반복할 수 있습니다. 원 3개에서 시작해서 이렇게 그려 나가면 두번째 단계에서는 원이 5개가 되고 3번째 단계에서는 모두 11개의 원이 그려집니다. n단계까지 그려진 모든 원의 개수는 $3^{n-1} + 2$입니다.

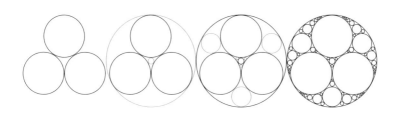

다음 쪽에 있는 무늬는 아폴로니우스의 원을 반복적으로 사용해서 만든 패턴을 응용한 것입니다.[2]

사막에 그린 거대한 아폴로니우스 개스킷은 뉴스에도 가끔 소개되는 작품입니다. 2009년 12월 짐 데네반Jim Denevan이 미국 네바다 주의 블랙록 사막에 그린 것으로, 반지름이 약 2.4km, 둘레가 약 15km 이상인 원을 모두 1000개의 원으로 채웠다고 합니다.[3]

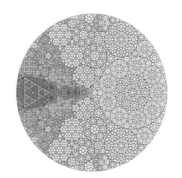 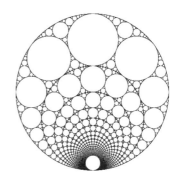

　수학은 반복을 통한 아름다운 기하학적 무늬 속에서도 발견할
수 있습니다. 주변에서 볼 수 있는 모든 것에 관심을 가지고 수학적
의미를 찾다 보면 세상을 보다 깊게 바라볼 수 있는 시각을 갖출 수
있을 것입니다.

둥근 입체의 부피를 구하는 법

우리는 일상에서 원기둥 모양의 용기를 많이 접할 수 있습니다. 기능적으로도 내용물을 많이 담을 수 있고 튼튼하며, 미적으로도 부드럽고 아름다움을 느낄 수 있기 때문일 것입니다. 원기둥의 들이에 대해서는 초등학교 6학년에서 배우게 됩니다. 잠깐 들이와 부피의 차이를 짚고 넘어가겠습니다. 용적容積이라고도 하는 들이capacity는 주어진 용기에 들어가는 용량을 뜻하고, 체적體積이라고도 하는 부피 volume는 주어진 용기가 차지하는 공간을 뜻하는 순우리말 용어들입니다. 보통은 구분 없이 쓰기도 하는데, 그래서 중·고등학교 수학에서는 이를 명확히 하기 위해서 용기의 '안쪽의 사이즈'나 '안쪽의 부피'라는 말로 들이를 표현하기도 합니다.

초등학교 수준의 수학에서는 다음과 같은 질문을 할 수 있습니다.

크기와 모양이 같은 도화지 2장을 각각 가로 방향과 세로 방향으로 말아서 두 가지 원기둥 모양을 만들 수 있습니다. 이 두 원기둥 모양의 바닥을 막고 그 안에 쌀을 넣으면 어떤 모양에 더 많은 쌀이 들어갈까요? 아니면 같게 들어갈까요?

여러분은 어떻게 생각하시나요? 이미 원기둥의 부피를 배운 6학년 학생 여러 명에게 이 질문을 하면, 대부분은 합창을 하듯 "같습니다"라고 답을 합니다. 정말 그럴까요? 이를 확인하려면 원기둥의 들이 또는 부피를 구하는 방법을 알아야 합니다. 원기둥의 높이를 h, 밑면의 반지름을 r이라 할 때, 원기둥의 부피 A는 다음과 같습니다.

$$A = \pi r^2 h$$

즉 원기둥의 부피는 (반지름의 길이)×(반지름의 길이)×(원주율)×(높이)로 구할 수 있습니다. 따라서 "반지름을 두 번 곱하기 때문에 바닥의 반지름이 조금만 커져도 원기둥의 부피가 더 커지게 되므로, 바닥이 넓은 원기둥에 쌀이 더 많이 들어갑니다"라고 답하는 학생이 있다면, 바로 이 학생이 원기둥의 부피에 대한 이해를 정확히 하고 있는 것입니다.

원기둥의 부피는 밑면 반지름의 제곱에 비례하고 높이에 비례하기 때문에 밑면 반지름의 크기에 더 많은 영향을 받습니다. 따라서 같은 크기의 도화지로 원기둥 모양을 만들더라도 밑면이 큰 것이 더 큰 들이의 그릇이 됩니다.

그런데 우리가 일상생활에서 많이 볼 수 있는 원기둥 모양의 용기 중에 위아래가 완전히 합동인 용기는 실은 많지 않습니다. 배드민턴 셔틀콕을 넣는 통이나, 상장 등을 넣는 통, 과학실의 수조 등을 떠올릴 수 있을 뿐입니다. 그보다는 밑 부분이 조금 작고 윗부분이 더 넓은 모양의 용기들이 많습니다. 화분, 조명등, 잔, 그릇, 아이스크림을 담아주는 용기, 팝콘 통 등 수많은 예를 들 수 있습니다. 초등학교 학생들에게 이 팝콘 통의 들이를 계산하도록 해 보니, 어떤 학생들은 밑면의 넓이와 윗부분의 넓이를 각각 구해서 그 평균값에 높이를 곱해서 구하기도 했습니다. 이 방법은 과연 타당할까요? 계산이 좀 복잡하긴 하지만, 흔히 볼 수 있는 용기처럼 뚜껑과 바닥의 넓이가 크게 차이나지 않을 때는 정확하지는 않지만 대체로 가까운 값을 어림할 수 있는 방법이기는 합니다.

이번에는 사각기둥(직육면체)의 부피입니다. 직육면체의 부피는 많은 분들이 알고 계시듯 (가로)×(세로)×(높이)입니다. 그렇다면 다음과 같은 사각뿔의 부피는 어떻게 될까요?

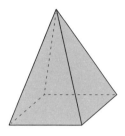

이는 이 사각뿔과 높이가 같고 이 사각뿔의 밑면과 합동인 밑면을 가진 사각기둥 부피의 $\frac{1}{3}$이 됩니다. 그 이유는 어떤 사각기둥이든 부피가 같은 사각뿔 3개로 분해할 수 있기 때문입니다. 그리고 이 원리는 모든 각뿔에 적용됩니다. 즉 각뿔의 부피는 그 각뿔의 밑면과 합동인 도형을 밑면으로 하고 높이가 같은 각기둥 부피의 $\frac{1}{3}$이 됩니다. 그리고 이는 원뿔도 마찬가지입니다. 원뿔의 부피는 그 원뿔의 밑면과 합동인 원을 밑면으로 하고 높이가 같은 원기둥의 $\frac{1}{3}$이 됩니다.

또한 원기둥, 각뿔, 원뿔 등 입체도형의 부피는 다음 그림과 같이 가로 방향으로 잘라서 옆으로 밀어도 변하지 않습니다. 옆으로 밀어도 해당 부분의 부피는 달라지지 않기 때문입니다. 이를 카발리에리 원리_{Cavalieri's principle}라고 합니다. 이 원리는 입체를 잘라서 생각하는 적분에도 응용이 됩니다.

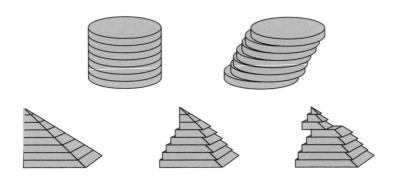

이제 구에 대해 알아보겠습니다. 겉넓이와 부피는 어떻게 될까요? 아마도 제대로 기억하고 있는 분들이 많지는 않을 것 같습니다. 구의 반지름이 r일 때, 구의 겉넓이(S)와 부피(V)는 각각 다음과 같습니다.

$$S = 4\pi r^2$$
$$V = \frac{4}{3}\pi r^3$$

구의 겉넓이와 부피 공식이 왜 이렇게 되는지 증명하는 것은 다소 복잡합니다. 먼저 구의 겉넓이부터 구해 보겠습니다.

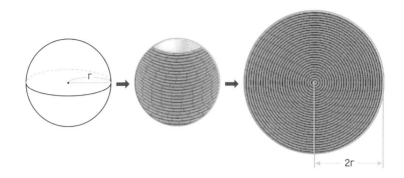

위 그림과 같이 구의 표면을 가는 끈으로 촘촘히 감은 뒤에, 그 끈을 다시 평면 위에서 촘촘하게 감아 원을 만들면 그 원의 반지름은 구의 반지름의 2배가 된다고 합니다. 즉 $S = \pi \times (2r)^2 = 4\pi r^2$인 것입니다. 왜 이런 공식이 나오는지 알아봅시다.

아래 그림처럼, ① 반지름이 r인 구를 일정한 간격의 평행한 평면으로 자른 뒤에, ② 자른 단면이 모든 단면과 직각을 이루는 세로 단면과 구의 표면에서 만나는 점들을 연결합니다.

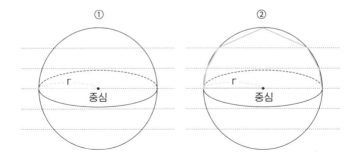

그 중 하나를 확대해서 보면 다음과 같은 모양이 될 것입니다.

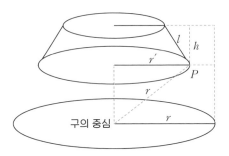

구를 더 잘게 자를수록, 즉 위 그림에서 h가 0에 가까워질수록 이 모양은 높이가 l인 원기둥에 가까워지고, l은 점 P에서의 접선에 가까워질 것입니다. 따라서 그 둘레의 겉넓이는 바닥 원(구를 자른 단면)의 둘레($2\pi r'$)에 높이(l)을 곱한 값이 됩니다. 그런데 l이 이 구의 접선이라면 구의 반지름(r)과 직각을 이루므로 P를 낀 두 삼각형은 서로 닮은꼴이고, 따라서 $l = \dfrac{rh}{r'}$의 관계가 있습니다. 그러므로 위에서 구하려는 겉넓이 $2\pi r' \times l$은 $2\pi rh$, 즉 이 구에 외접하는 원기둥을 같은 평면으로 잘랐을 때 높이가 같은 단면에서의 둘레 넓이와 같아집니다. 그리고 잘게 자른 높이들의 총합은 결국 $2r$이므로 구의 겉넓이는 그 구에 외접하는 원기둥 둘레의 겉넓이 $4\pi r^2$과 같다는 것을 알 수 있습니다.

이렇게 반지름이 r인 구의 겉넓이는 반지름이 r인 원의 넓이의 4배가 되므로, 다음 그림과 같이 구의 $\dfrac{1}{4}$을 잘라낸 단면($2r$을 지름으로 하는 반원 2개)의 겉넓이는 구의 겉넓이의 $\dfrac{1}{4}$, 즉 잘라낸 부분의 곡면 넓이와 같습니다. 달리 말해 이 그림과 같이 자른 입체의 겉넓이는 자르기 전의 완전한 구의 겉넓이와 같다는 것입니다.

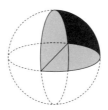

또한 구의 겉넓이는 이 구에 외접하는 원기둥 둘레의 겉넓이와 같으므로, 이 원기둥 전체의 겉넓이는 여기에 밑면과 윗면의 넓이(각각 구의 겉넓이의 $\frac{1}{4}$)를 더한 값, 즉 이 원기둥에 내접하는 구의 겉넓이의 $\frac{3}{2}$임을 알 수 있습니다.

구의 겉넓이를 알았으니 이제 이를 이용해서 구의 부피를 구해 보겠습니다. 다음 그림과 같이 구를 구의 중심을 꼭짓점으로 하는 사각뿔로 잘게 나눠서 생각해 볼 수 있습니다.

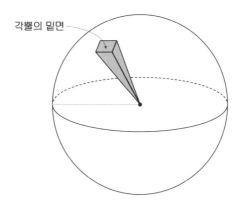

각뿔의 밑면

이 사각뿔의 밑면의 넓이를 B, 높이를 r이라고 하면, 구의 부피 (V)는 구를 작은 사각뿔 여러 개로 나누어 다음과 같이 구할 수 있습니다.

$$V = \frac{1}{3}B_1 r_1 + \frac{1}{3}B_1 r_1 + ... + \frac{1}{3}B_n r_n$$
$$= \frac{1}{3}r(B_1 + B_1 + ... + B_n)$$
$$= \frac{1}{3}r(4\pi r^2)$$
$$= \frac{4}{3}\pi r^3$$

고등학교에 가면, 적분을 이용해서 다음과 같이 구의 부피를 구할 수도 있습니다. 적분은 아주 작은 부분으로 잘라 쌓아서 구하는 방법입니다.

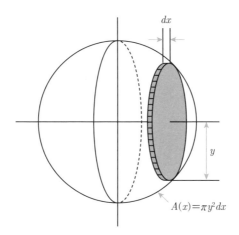

$$V = \int_{-r}^{r} A(x)dx = \int_{-r}^{r} \pi(r^2 - x^2)dx$$

$$= 2\pi \int_{0}^{r} (r^2 - x^2)dx$$

$$= 2\pi \left[r^2 x - \frac{1}{3}x^3 \right]_{0}^{r} = 2\pi \left(r^3 - \frac{r^3}{3} \right)$$

$$= \frac{4}{3}\pi r^3$$

이는 이 구에 외접하는 원기둥, 즉 밑면의 지름과 높이가 모두 이 구의 지름과 같은 원기둥의 부피($2\pi r^3$)의 $\frac{2}{3}$에 해당합니다. 앞에서 원뿔의 부피는 밑면이 합동이고 높이가 같은 원기둥 부피의 $\frac{1}{3}$이라고 했으므로, 아래 그림[5]과 같은 재미있는 관계가 성립합니다.

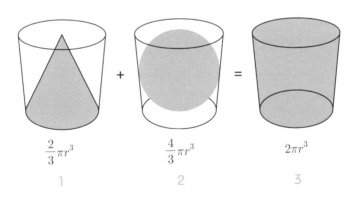

$$\frac{2}{3}\pi r^3 \qquad\qquad \frac{4}{3}\pi r^3 \qquad\qquad 2\pi r^3$$

1   2   3

원기둥의 부피와 그에 내접하는 구의 부피, 그리고 원기둥의 겉넓이와 그에 내접하는 구의 겉넓이의 비가 모두 3:2가 된다는 것을 발견한 사람은, "나에게 지렛대를 주면, 지구도 움직일 수 있다"는 말로 유명한 아르키메데스라고 합니다.

1965년 이탈리아의 시라쿠사에서 한 호텔을 짓기 위한 공사가 한참 진행 중이었습니다. 그런데 여기서 아래 그림과 같은 모양이 새겨진 비석이 발견되었고, 이것은 아르키메데스의 묘비로 추정되었습니다.

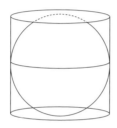

왜 이것이 아르키메데스의 묘비로 여겨진 것일까요? 아르키메데스는 유명한 수학자요 철학자였지만, 로마 군사들이 쳐들어왔을 때도 수학의 연구에 몰두하느라 로마 병사들에게 "땅바닥에 그린 도형을 밟지 말고 저리 비켜라"라고 소리를 치는 바람에 이 위대한 수학자를 못 알아본 병사에게 허무하게 죽임을 당했습니다. 그리고 이를 애도한 적장 마푸켈루스가 그의 소원대로 묘비에 이 그림을 새겨 넣었다고 전해집니다.

이렇듯 아무리 위대한 수학자라도 그를 알아보지 못한다면 의미가 없는 것처럼, 수학도 그 힘을 경험하지 못하고 알지 못하면 "수학을 배워서 무슨 쓸모가 있지?"라고 불평만 하면서 수학 공부를 게을리 하다가 현명한 판단으로 이끌어 주는 유용한 도구를 얻을 기회를 놓칠 것입니다. 스스로 논리적 사고를 깨치면서 희열을 맛볼 수 있다면, 그리고 수학이 실제로 어떻게 활용되는지 알게 된다면, 수학의 놀라운 힘을 경험하게 될 것입니다.

4부
일상에서 수학의 원리 발견하기

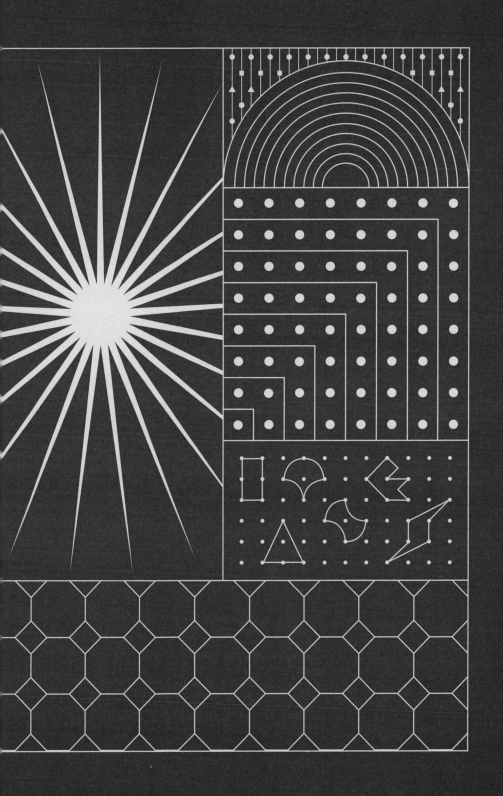

종이접기로
수학과 친해지는 법

종이는 구하기 쉽고 간단해서 수학 공부를 하는 데 효과적으로 활용할 수 있는 재료입니다. 초등학교에서는 일반 종이가 붙임딱지와 함께 가장 널리 사용됩니다. 종이를 접어서 할 수 있는 수학과 관련된 활동들은 아주 많은데, 종이를 접어서 구체물 등을 만드는 것은 오리가미Origami라고 합니다.

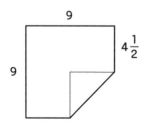

우선 종이접기는 간단한 분수를 나타내는 데도 유용하게 활용할 수 있습니다. 이 그림과 같이 정사각형의 색종이를 접어서 한 꼭짓점이 이 정사각형의 중심에 오도록 접으면 이 모양의 넓이는 얼마가 되겠습니까?

성인들에게는 쉬운 문제일 것입니다. 다음과 같이 생각하면 접힌 부분은 원래 정사각형 색종이의 $\frac{1}{8}$ 임을 쉽게 알 수 있습니다.

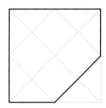

따라서 접히지 않은 부분의 넓이는 $9 \times 9 - \dfrac{9 \times 9}{8} = 9 \times 9 \times \dfrac{7}{8}$ $= \dfrac{81 \times 7}{8} = 70\frac{1}{8}$ 이 됩니다.

정사각형을 접어서 정삼각형이나 정육각형으로 만들 수 있을까요?[1] 먼저 정삼각형입니다.

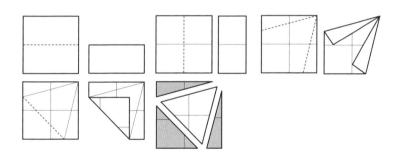

다음은 정육각형입니다. 다소 복잡하지만 왼쪽에서 오른쪽으로 차분히 순서대로 접어 가면 정육각형이 됩니다.

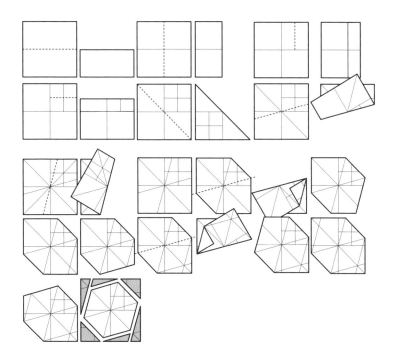

좀더 고차원적인 도형도 만들 수 있습니다. 다음과 같이 직사각형 모양 종이의 아래쪽 가운데에 점을 하나 찍고 밑변이 이 점을 지나도록 접었다가 펼칩니다. 각도를 달리 하면서 좀더 촘촘하게 접으면 다음 그림과 같은 자국이 종이에 남게 됩니다.

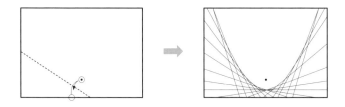

이 모양은 어떤 도형일까요? 아래 그림과 같이 생각해 보겠습니다.

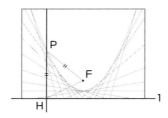

처음에 찍었던 점을 F라 하고, 접었을 때 이 점과 만났던 밑변 위의 한 점을 H라 하고, 점 H에서 밑변에 직각이 되도록 그은 직선과 접힌 자국이 만나는 점을 P라 하면, 삼각형 PHF는 변 PF의 길이와 PH의 길이가 같은 이등변삼각형이 됩니다. 따라서 이는 '평면 위의 한 정점(초점)에 이르는 거리와 그 점을 지나지 않는 한 직선(준선)에 이르는 거리가 같은 점들의 자취'라는 정의에 따라 포물선이 됩니다. 점 F가 초점, 밑변이 준선, 접힌 자국은 점 P에서의 접선입니다. 이렇게 간단히 종이를 접어 가면서 눈으로 포물선을 확인하고, 왜 포물선이 되는지 확인해 볼 수 있는 좋은 자료가 됩니다.

이번에는 원 모양의 내부에 점을 하나 찍고, 원의 테두리가 이 점과 겹치도록 접었다 펴기를 촘촘하게 각도를 달리 해서 반복합니다. 이때 원 안쪽에 접힌 자국들로 만들어지는 도형은 다음 그림과 같이 타원입니다.

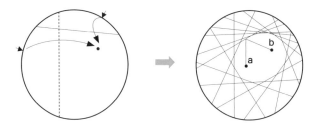

타원은 '두 정점(초점)으로부터의 거리의 합이 일정한 점들의 자취'입니다. 위 그림에서는 처음에 찍었던 점 b와 이 원의 중심 a가 각각 초점이 됩니다. 물론 접힌 자국들은 이 타원의 접선입니다. 또한 점 b를 원의 중심에 가깝게 찍을수록 접힌 자국으로 만들어진 타원은 원에 가까워집니다. 따라서 아예 처음부터 원의 중심에 점을 찍었다면 접힌 자국들로 만들어지는 도형은 다름 아닌 원입니다.

한편 두 초점 사이의 거리의 합이 일정하다는 점을 이용하면, 아래 그림과 같이 두 초점에 일정한 길이의 실을 매서 쉽게 타원을 그릴 수도 있습니다.

종이접기는 실생활에 활용되기도 합니다. 다음 그림과 같이 작은 크기의 모형을 펼쳐서 큰 모양을 만들 수 있도록 접는 방법을 '미우라Miura 접기'라고 하는데, 우주 공간에 큰 안테나를 띄울 때 부

피를 줄이기 위해 우주선에 접어서 싣고 목표 지점에 도달해서 펼쳐 놓는 것도 이를 이용한 것입니다.[2]

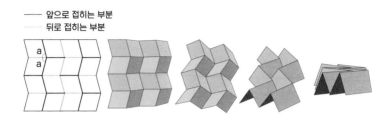

눈으로 볼 수 없는 추상적인 아이디어를 이해할 수 있도록 하는 좋은 방법은, 눈에 보이는 조작 활동을 통해 수학적인 원리를 익히는 것입니다. 종이처럼 간단한 재료를 이용하는 것만으로도 수학적인 원리를 탐구해 볼 수 있습니다. 종이를 접거나 오리는 활동을 하면서 수학을 배우는 것은, 손을 움직이는 동시에 머릿속에서는 수학적인 사고가 이루어질 수 있도록 이끌어 줍니다. 그래서 요즈음 개발하는 수학교과서들도 이런 활동을 많이 소개하는 바람직한 방향으로 만들어지고 있습니다. 자녀와 함께 직접 만들어 보면서 조작을 하는 방식에 따라 결과가 어떻게 달라지는지 그 원리를 자녀들과 논의해 보는 것도 좋을 것입니다. 참고로 접었다 펴는 활동을 할 때는 접힌 자국을 잘 관찰할 수 있도록 거름종이나 트레이싱페이퍼처럼 빳빳한 종이를 사용하는 것이 좋습니다.

무늬의 규칙 속에 숨겨진
수학의 비밀

테셀레이션Tessellation은 순우리말로는 '쪽매맞춤'이라고도 하는데, 일정한 도형으로 평면을 빈틈없이 덮는 것을 말합니다. 초등학교에서도 기본 도형들로 테셀레이션을 해 보는 활동을 하도록 지도하고 있습니다.

정사각형으로는 바닥을 빈틈없이 깔 수 있을까요? 당연히 가능합니다.

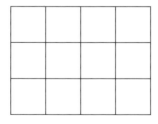

그런데 아래 그림과 같은 일반 사각형으로는 테셀레이션이 가능할까요?

바로 답하기 쉽지 않은 분들이 많을 것입니다. 그런데 초등학교 4학년에서 배우는 사각형의 내각의 합은 어느 형태이든 $360°$가 된다는 사실을 이용하면 테셀레이션이 가능하다는 것을 알 수 있습니다. 아래와 같이 크기가 다른 각 네 개가 맞물리도록 돌려가면서 이어 붙이면 평면을 빈틈없이 덮을 수 있습니다.

또 어떤 삼각형이든 합동인 삼각형을 이어 붙이면 평행사변형이 되므로, 테셀레이션이 가능합니다.

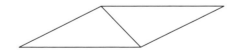

그렇다면 아래와 같은 오목사각형은 어떨까요?

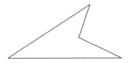

언뜻 생각하면 불가능할 것 같지만, 이 사각형의 내각의 합도 360°이니 아래 그림과 같이 테셀레이션이 가능합니다.

한 가지 정다각형만을 사용해서 테셀레이션을 할 수 있는 도형은 정삼각형, 정사각형, 정육각형 세 가지뿐입니다. 예를 들어 정오각형은 서로 맞붙여서 360°가 되지 않기 때문에 정오각형만으로는 테셀레이션을 할 수 없습니다.

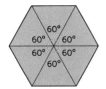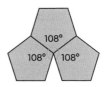

이렇게 한 가지 정다각형만으로 테셀레이션을 하는 것을 정규 테셀레이션이라고 합니다. 두 가지 이상의 정다각형을 이용하면 보다 다양한 테셀레이션이 가능합니다. 이렇게 종류에 상관없이 정다각형만으로 배열한 테셀레이션을 준정규 테셀레이션이라 하는데, 한 점에 모이는 정다각형의 배열이 모든 점에서 같을 때만을 가리킵니다. 이 조건을 만족하는 준정규 테셀레이션은 아래의 8가지뿐이라고 알려져 있습니다.[3] 이때 (3.3.3.3.6)은 한 점에 정삼각형 4개와 정육각형이 1개 모이는 구조를 말합니다. 즉 (3.3.3.4.4)는 한 점에 정삼각형 3개와 정사각형 2개가 모인다는 뜻입니다.

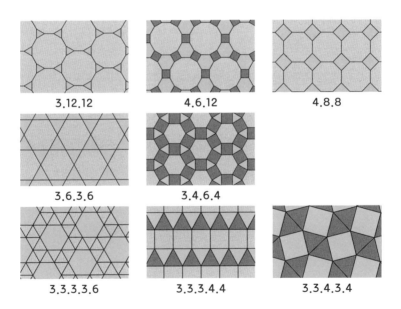

3.12.12   4.6.12   4.8.8

3.6.3.6   3.4.6.4

3.3.3.3.6   3.3.3.4.4   3.3.4.3.4

그렇다면 왜 준정규 테셀레이션은 8가지밖에 없을까요? 한 점에 모이는 정다각형의 한 내각의 크기를 생각해 보면 됩니다. 정n각형의 한 내각의 크기는 $\dfrac{180 \times (n-2)}{n}$이고, 한 점에서 모자람이 없이 모이려면 이 각들의 합이 $360°$가 되어야 합니다.

정다각형 두 개만으로는 $360°$를 채울 수 없으므로, 먼저 정다각형 세 개가 모이는 경우를 꼽아 보면 ① 정삼각형($60°$)이 한 개일 때 나머지 공간이 $300°$이므로 정십이각형($150°$) 두 개를 붙일 수 있고(3.12.12), 정사각형($90°$)이 한 개라면 그 나머지 공간($270°$)을 두 개의 정다각형으로 채우려면 ② 정육각형($120°$)과 정십이각형($150°$)을 붙이거나(4.6.12) ③ 정팔각형($135°$) 두 개를 붙이는 방법(4.8.8)뿐입니다.

한 점에 모이는 정다각형이 네 개라면 ④ 정삼각형 두 개와 정육각형 두 개를 붙이는 방법(3.6.3.6)과 ⑤ 정사각형 두 개에 정삼각형과 정육각형을 하나씩 붙이는 방법(3.4.6.4)뿐인데, 이때 배열 순서를 바꿔 (3.3.6.6)이나 (4.4.3.6)처럼 같은 도형을 이어붙이면 모든 점에서의 다각형 배열 순서가 같다는 조건에 어긋나므로 제외합니다.

마지막으로 한 점에 모이는 정다각형이 다섯 개라면(여섯 개가 되면 정삼각형만으로 채워야 하므로) ⑥ 정삼각형 네 개와 정육각형 한 개(3.3.3.3.6)인 경우와 정삼각형 세 개와 정사각형 두 개인 경우가 있는데 이는 ⑦ 정사각형 두 개를 이어붙이는 경우(3.3.3.4.4)와 ⑧ 정삼각형 사이에 끼워넣는 경우(3.3.4.3.4) 두 가지로 나눌 수 있습니다. 이 외에 다른 경우는 정다각형만으로는 테셀레이션이 불가능하거나 준정규 테셀레이션의 조건에 어긋납니다.

입체도형에서 모든 면이 합동인 정다각형으로 이루어진 정다면체가 다음과 같은 다섯 가지밖에 없는 이유도 비슷한 원리로 설명할 수 있습니다. 먼저 모든 면이 합동인 정삼각형일 경우는 한 꼭짓점에 여섯 개가 모이면 평면이 되므로, 세 개(정사면체), 네 개(정팔면체), 다섯 개(정이십면체)일 때 세 가지뿐이고, 정사각형과 정오각형은 네 개만 모여도 평면이거나 360°를 넘으므로, 각각 한 가지씩(정육면체, 정십이면체)뿐입니다. 정육각형은 세 개만으로 평면이 되어 그보다 변이 더 많은 정다각형으로는 정다면체를 만들 수 없습니다.

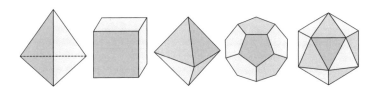

물론 꼭 정다각형이 아니어도 다양한 모양으로 테셀레이션을 할 수 있습니다. 하지만 언뜻 보기에 복잡해 보이는 테셀레이션도 실은 단순한 도형들을 기본으로 이를 변환해서 만드는 경우가 많습니다.

이런 테셀레이션을 변형해서 독특한 작품을 만들어낸 인물이 네덜란드의 화가 에셔Maurits Cornelis Escher입니다. 에셔는 수학자는 아니지만 수학적인 반복과 순환의 의미를 가지는 여러 작품들을 남기기도 했습니다. 그리고 기본 도형을 평행이동translation, 반사reflection, 회전rotation 변환 등 기하에서 다루는 기법을 이용해 변환해서 아름다운 패턴들을 만들어냈습니다. 많은 작품들을 인터넷에서 직접 찾아 확인해 볼 수 있습니다.

몇 가지 예를 들면, 〈파충류〉는 2차원의 평면에 있는 도마뱀이 3차원으로 나왔다가 다시 2차원으로 돌아가는 순환의 과정을 표현하고 있습니다. 평면에 있는 도마뱀들은 정육각형을 기본으로 변형한 테셀레이션을 이용해 그린 것입니다. 또 〈새와 물고기〉는 평행사변형을 기본으로 변형한 테셀레이션입니다. 새와 물고기를 번갈아 평행이동해서 만든 것입니다. 1960년작인 〈천국과 지옥〉은 〈천사와 악마〉라고 불리기도 하는데, 흰 옷을 입은 천사만 보면 천사만 보이지만 실은 천사들 사이에 검은 옷을 입은 악마가 자연스럽게 그려져 있어(반대로 악마만 보면 악마만 보이지만 실은 악마들 사이에 천사가 그려져 있다고 볼 수도 있습니다) 유한한 공간 안에 천사들의 경계에 악마가 공존하는 아이러니를 표현하고 있습니다. 우리 마음 안에도 천사와 악마가 공존하듯이 말입니다. 1955년작 〈해방〉은 아래쪽 삼각형 모양이 위로 올라가면서 조금씩 변형돼서 마침내는 새가 되어 자유롭게 하늘로 날아가는 모양을 그려낸 것으로 '해방'의 의미를 적절하게 형상화한 것이라 할 수 있습니다.

이처럼 에셔의 작품에는 경계를 미묘하게 허물면서 안과 밖의 구분을 무의미하게 하는 것들이 많습니다. 이는 우리에게 익숙한 경계의 해체를 통해 흑백논리를 허물도록 합니다. 가장 유명한 1948년 작 〈그리는 손Drawing Hands〉은 두 손이 서로를 그리는 역설을 표현하고 있습니다. 그리는 손이 동시에 그려지는 대상이 되어, 주체와 객체 사이의 경계나 구분이 사라지고 있습니다. 또 한 손만 보면 지극히 자연스러워 얼핏 평범한 그림처럼 보이지만 두 손을 동시에 전체적으로 봐야만 주체와 대상의 역설을 눈치챌 수 있다는 점에서, 우리 삶에서도 일부분만 봐서는 알 수 없는 것을 거시 관점meta-per-spective으로 보면 다른 국면을 발견할 수도 있다는 의미를 형상화했다고 할 수도 있습니다.

지금까지 살펴본 대로, 수학적인 아이디어는 공간을 디자인하는 데도 활용이 됩니다. 물론 더 아름답게 꾸미기 위해서는 여기에 예술적인 감각을 융합해야 합니다. 또 이를 상업화하려면 소비자의 성향과 욕구 등을 분석해서 비즈니스 모델을 구축하기도 해야 합니다. 즉 문제를 해결하는 데 필요한 여러 분야의 지식을 적절하게 융합할 수 있어야 문제 해결을 잘할 수 있습니다.

인공지능에 활용되는 수학의 원리

2016년 3월 이세돌과 알파고의 바둑 대결에서 알파고가 4대 1로 이긴 사건이 많은 사람들을 놀라게 하면서, 인공지능에 대한 관심이 높아졌습니다. 도대체 알파고가 어떻게 작동하길래 최고의 기량을 지닌 프로기사를 이길 수 있는지 의문을 가지기도 했습니다.

인공지능에도 수학이 핵심적으로 필요합니다. 인공지능의 기반은 논리적인 알고리즘이라고 할 수 있기 때문입니다. 초보적인 인공지능은 어떤 알고리즘에 따라 내려지는 명령만을 수행합니다. 그래서 수백 자리 수의 연산은 쉽게 하는 인공지능이나 로봇이 어린 아이들도 쉽게 구분하는 개와 고양이를 구분하는 것은 어렵다는 '모라벡의 역설Moravec's Paradox'이 빚어지기도 합니다.

이는 미국의 로봇 공학자인 한스 모라벡Hans Moravec이 컴퓨터와 인간의 수행 능력의 차이를 "어려운 일은 쉽고, 쉬운 일은 어렵다"고 표현한 데서 유래한 말입니다. 하지만 이것도 1970년대의 이야기입니다. 최근에는 마치 인간이 판단을 하는 과정처럼 스스로 최적의 판단을 해 가는 정도까지 발전했고, 앞으로 인공지능의 능력이 어디까지 발전할 수 있을지는 가늠하기가 쉽지 않습니다. 그래도 알고리즘이 더 정밀하게 발전하는 것뿐이지 알고리즘에 기반한다는 사실이 달라지는 것은 아닙니다.

예를 들어 수학 공부를 하는 시간과 성적 사이에 어떤 관계가 있는지 알려면, 많은 데이터를 입력한 뒤에 흩어져 있는 데이터들에서 가장 적절한 규칙을 발견해내야 합니다. 여러 가지 가능성을 수학적으로 계산해서 오차가 가장 작아지는 패턴이나 규칙을 찾는 것입니다. 즉 인공지능이 어떤 결정을 한다는 것은, 유사도를 통계적으로 극대화해서 판단한 결과입니다.

이렇게 방대한 자료 사이에서 패턴을 도출할 때 사용하는 계산 방법을 선형 회귀linear regression라고 하는데, 그 방법 중 하나가 최소제곱법LSM: Least Square Method 입니다. 프랑스 수학자 아드리앵마리 르장드르가 1805년 논문 〈혜성의 궤도를 결정하기 위한 새로운 방법〉에서 처음으로 발표한 최소제곱법은, 실제 관측값들과 예측값의 차이(잔차)를 제곱해서 그 합이 최소가 되는 예측값을 찾아내는 방법입니다.

다음 쪽의 그림에서 점들의 위치는 실제 관측한 값들인데, 이렇게 흩어져 있는 점들의 특성을 나타내는 직선을 긋는다면 어떻게 긋는 것이 이 점들의 분포를 가장 잘 표현한 것일까요?

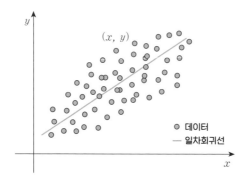

아래와 같이 각 점들로부터 거리가 가장 작도록 긋는 것이 합리적일 것입니다. 이 방법이 최소제곱법입니다.

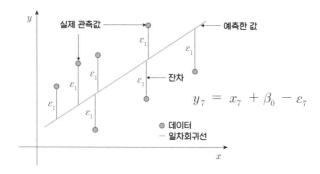

$$y_7 = x_7 + \beta_0 - \varepsilon_7$$

일단 가상의 직선을 긋고 각 점에서 가상의 직선까지의 거리를 구해서 그냥 합을 내면 양수와 음수들이 뒤섞여 나와 상쇄가 되기 때문에 제곱을 해서 총 거리(D)를 구하게 되는데, 이를 '제곱 오류 합계SSE: Sum of Squared Error'라고 합니다. 이 값이 가장 작은 직선을 찾는 것입니다. 구하고자 하는 회귀선을 다음과 같은 일차(선형)방정식이라고 놓으면,

$$\bar{y} = m\bar{x} + \beta_0$$

이 직선의 기울기 m은, 각 점들의 x좌표에서 x좌표들의 평균값을 뺀 값인 $(x_n - \bar{x})$과 y좌표에서 y좌표들의 평균값을 뺀 값인 $(y_n - \bar{y})$을 곱한 값들의 합을 $(x_n - \bar{x})$를 제곱한 것들의 합으로 나눈 값과 같습니다. 즉

$$m = \frac{\sum_{i=1}^{n}(x_i - \bar{x})(y_i - \bar{y})}{\sum_{i=1}^{n}(x_i - \bar{x})^2}$$

입니다. 데이터가 적을 때는 수작업으로도 구할 수 있지만, 데이터의 수가 많은 경우에는 컴퓨터가 자동으로 데이터를 읽어들여 계산하도록 해야 합니다. 특히 행렬식을 이용하면 수많은 데이터를 반복적으로 처리하는 복잡한 수식을 간단하게 표현할 수도 있습니다.

"인공지능이 …을 학습한다"는 것은, 바로 이런 식으로 수많은 데이터들의 행렬식을 계산해 오차가 최소가 되는 최적의 값이 나오도록 성분을 조정해 가는 과정을 뜻합니다. 이런 기술을 지도학

습Supervised Learning이라고 합니다. 예를 들어 '이런 것이 고양이다'라고 가르쳐 주기 위해, 인간이 다양한 고양이를 보면서 그 공통점을 통해 고양이를 인식하는 것처럼 수천만 개 이상의 고양이 이미지를 통해 고양이를 인식할 수 있도록 학습을 시키는 것입니다. 이런 학습 과정까지도 기계가 자동으로 수행하도록 하는 딥러닝에서는 데이터들 사이의 연결의 강도를 조정하거나 변경할 때 선형대수학과 편미분을 활용합니다.

많은 이들이 전망하듯이, 미래 사회는 인공지능을 기반으로 한 첨단 기계들을 활용하는 사회가 될 것입니다. 비록 아직 완벽하지는 않아도, 이미 자율주행차가 도로를 달리는 것이 현실입니다. 아마도 지금 초·중·고등학교에 다니는 학생들이 주역으로 활동하는 10∼20년 후에는 지금보다 훨씬 더 많이 인공지능을 활용하게 될 것입니다. 인공지능의 발달은 0과 1을 구분하는 단계에서 시작했지만 이제 확률적으로 계산해서 최적해를 찾아가는 단계까지 이르렀고, 앞으로도 우리의 상상을 뛰어넘는 일들을 기하급수적으로 해 내게 될 것이기 때문입니다.

수학은 대부분의 첨단 분야에 없어서는 안 될 기초이고, 인공지능 발전의 저변에도 수학의 도움이 필요합니다. 직접적으로 수학적 도구를 쓰는 것처럼 보이지 않는 기술에서조차도 수학은 논리적 사고의 엔진이기 때문입니다. 따라서 앞으로는 수학적 사고를 활용해서 인공지능을 이해하고 도움이 되는 방향으로 활용하고 나아가 인공지능과 협업을 할 수 있어야 인간다운 삶을 살 수 있을 것입니다. 수학에 관심을 가진 사람들이나 수학을 학습하는 사람들은 이를 잘 인식하고 있어야 할 것입니다.

수학과 인문학의
아름다운 만남

수학은 추상적인 사고를 대상으로 한다는 특징이 있습니다. 그래서 이를 가르치거나 배우는 것이 쉽지 않습니다. 그러다 보니 학년이 올라가면서 수학을 싫어하는 학생들이 늘어나게 되고, 결국 수학을 포기하는 이른바 '수포자'들이 늘어나게 됩니다. 그런데 '수포자'라는 말은 가능하면 사용하지 않았으면 좋겠습니다. 특정한 학생에게 이 용어를 자주 쓰다 보면 낙인 효과로 인해 학생 스스로도 수학을 못하는 사람이라고 생각할 수 있기 때문입니다.

수학은 수학만으로도 의미가 있지만, 수학을 배우는 학생들은 수학을 보는 눈을 새롭게 하기 위해서 수학이 다양하게 적용되는 예를 경험할 필요가 있습니다. 그 동안 많은 예비교사나 현직교사들에게 수학교육에 대한 강의나 연수를 하면서, 수학 시간에 수학뿐 아니라 수학과 관련된 인문학적 상상력을 자극할 필요가 있다고 강조해 왔습니다. 융합이라고 하면 흔히 수학과 과학 등 유사한 학문 분야 사이에서만 생각하기 쉽지만, 실은 더욱 넓은 관점에서 수학과 다른 영역을 연결할 필요가 있습니다.

예를 들어 초등학교 1학년에서 '두 수를 더하는 순서를 바꿔도 답은 같다'는 덧셈의 교환법칙을 배웁니다. '교환법칙'이라는 용어를 배우지는 않더라도, 양손에 각각 2개와 3개의 풍선을 가진 어린이와 반대로 3개와 2개를 가지고 있는 어린이를 그림으로 제시해서 2+3=3+2라는 것을 알 수 있도록 하고 있습니다. 그런데 이 내용을 배우면서 부가적으로 《장자》에 나오는 조삼모사朝三暮四라는 고사성어의 의미를 어떻게 바라볼 것인가로 생각을 확장시킬 수도 있습니다.

조삼모사는 아침저녁으로 도토리 네 개씩을 주던 원숭이들에게 아침에 세 개, 저녁에 네 개 준다고 하니 원숭이들이 싫어했지만 아침에 네 개, 저녁에 세 개를 준다고 하니 좋아했다는 고사에서 유래한 말입니다. 이 이야기를 초등학교 1학년 학생들에게 해 준다면, 어떤 아이는 흔히 알고 있는 뜻과 마찬가지로 "도토리 3개 더하기 4개나 4개 더하기 3개나 같은 것인데, 원숭이가 참 멍청해요"라고 말하겠지만, 다른 아이는 "원숭이가 참 영리해요"라고 얼핏 엉뚱해 보이는 대꾸를 할지도 모릅니다. "주인이 마음이 바뀌어 오후에는 더 적게 줄지도 모르니 오전에 많이 받는 게 더 낫거든요"라고 설명할 수도 있으니까요. 그런데 유명한 아티스트 백남준 선생은 다르게 해석하기도 합니다. 주인이 원숭이를 사랑하는 사람이었기 때문에 원숭이한테 물어보고 협상을 했다는 것입니다. 원숭이를 사랑하지 않았다면 물어보거나 협상을 하려고 하지 않았을 테니까요. 이렇게 여러 가지 각도에서 생각을 해 보도록 할 수 있습니다.

다른 예로는 대문호 톨스토이의 〈인간에게는 얼마나 많은 땅이 필요한가?〉라는 짤막한 소설의 내용을 수학과 연계해 볼 수도 있습니다. 많은 분들이 알고 있을 이 이야기를 간단히 요약하면 이렇습니다. 가난한 농부가 해가 떠 있는 동안 다녀올 수 있는 거리 안에 있는 땅을 모두 주겠다는 제안을 받고 해가 뜨자마자 출발해서는 욕심껏 달려 나갔다가 너무 멀리 간 나머지, 해가 지기 전에 돌아오기 위해 전력을 다해 달려와서는 도착하자마자 쓰러져 죽어 버리는 바람에 결국 고작 1.8m쯤 되는 구덩이에 묻혔다는 이야기입니다. 이 이야기를 읽고 수학 시간에는 이런 질문들을 할 수 있습니다.

"이 농부가 한 시간 동안 달리면 몇 km를 갈 수 있을까요? 그 이유를 설명해 보세요."

"농부가 10분 동안 동안 달린 거리를 한 변으로 하는 정사각형의 넓이는 몇 km²가 되겠습니까?"

"농부가 10분 동안 동안 달린 거리를 지름으로 하는 원의 넓이는 몇 km²가 되겠습니까?"

그리고 여기에 덧붙여 인문학적인 질문을 할 수도 있는 것입니다. "이 농부는 왜 죽었을까요?"

이처럼 수학을 인문학과 접목할 수 있는 소재는 다양합니다. 다음 시는 장금철 시인의 〈5월의 풍경〉이라는 시입니다. 학생들에게 이 시를 읽어보게 하고, 어떤 것을 발견할 수 있는지 물어볼 수도 있습니다.

초대장 안 보내도 다가온 5월이라
청보리 익어 가는 들판은 푸른 물결
영산홍 맨얼굴 같은 한국인의 매무새!

학생들은 자신이 발견한 여러 가지 사실들을 이야기할 것입니다. 그리고 어떤 학생은 글자 수에 주목해서 규칙적인 패턴이 반복되는 정형시의 틀을 취하고 있다는 답을 할 수도 있습니다. 이 시는 첫 줄과 둘째 줄은 3-4-3-4, 마지막 줄은 3-5-4-3의 음수율을 가집니다. 여기에서 더 나아가 마지막 줄이 3-5-4-3이 아니라 3-4-3-4를 되풀이했다면 어떤 느낌일지 물어볼 수도 있습니다. 어쩌면 그렇게 끝내면 왠지 끝나는 느낌이 안 난다고 답하는 학생도 있을 것입니다. 왜 이런 패턴의 정형시가 오랫동안 많은 사람들의 사랑을 받았는지가 꼭 문학에서만 다룰 수 있는 주제는 아닐 것입니다. 린 스틴Lynn Steen의 말처럼, 수학은 패턴의 과학이니까요.

초등학교 3학년과 4학년에서는 분모가 고정되어 있을 때, 분자의 크기가 커지면 분수의 크기는 커지고 분자가 작아지면 분수의 크기도 더 작아진다고 배웁니다. 반대로 분자가 고정되어 있다면, 분모의 크기가 커질수록 분수의 크기는 작아지고 분모가 작아지면 분수의 크기는 커지게 됩니다. 그리고 이런 성질을 배우면서 다음과 같이 삶의 문제와 연계해 사고를 확장할 수도 있습니다.

$$\text{행복의 크기} = \frac{\text{내가 이미 성취한 것}}{(\qquad\qquad)}$$

'내가 이미 성취한 것'이 분자라면, 분모에는 무엇이 와야 될까요? 아무리 많이 성취하거나 가지고 있더라도 바라는 것이 그보다 더 크면 만족할 수가 없고 행복감도 떨어질 것입니다. 그래서 다음과 같이 나타낼 수 있습니다.

$$\text{행복의 크기} = \frac{\text{내가 이미 성취한 것}}{\text{내가 바라는 것}}$$

분수의 성질에 따라, 행복의 크기는 성취한 것이 많을수록 그리고 바라는 것이 적을수록 커집니다. 지나친 욕심을 자제하는 것도, 더 행복한 삶을 살아가는 열쇠일 수 있다는 것입니다. 이처럼 수학을 배우면서도 얼마든지 인문학적인 아이디어와 연계할 수 있습니다.

모든 현상을 수학의 눈으로 바라본다면, 더 깊은 의미를 이해할 수 있습니다. 수학의 힘은 눈으로 보이는 것뿐 아니라 눈에 보이지 않는 것까지도 논리적인 사고를 통해 추론하는 데 있기 때문입니다. 당장 눈으로만 봐서는 그렇게 보이지 않는 일이라도 논리적인 추론으로 눈에 보이지 않는 새로운 사실을 이끌어낼 수도 있습니다. 그래서 수학 공부를 통해 주어진 조건에 맞는 답을 찾는 연습을 꾸준히 해서 추론 능력을 기르게 되면, 세상이 돌아가는 현상을 이해하고 나아가 그 현상 이면의 숨겨진 이치를 깨닫는 밑거름이 됩니다. 그렇게 되면 조급해하거나 일희일비하지 않고 마음의 평안을 얻고 행복한 삶을 살아갈 수 있을 테니, 수학이 우리를 행복한 삶으로 이끌어주는 셈입니다.

5부
내가 배운 수학
재미있게 알려주기

문제를 풀지만 말고
만들어도 보자

학생들에게 수학을 지도할 때 많은 질문을 하게 됩니다. 이렇게 학생들에게 특정한 답을 이끌어낼 의도로 하는 질문을 교수법의 용어로는 '발문'이라고 하는데, 교과서에서 제시하는 발문이든 학생들을 지도하면서 하는 발문이든 학생들이 가능하면 수학적 사고를 많이 할 수 있도록 하는 발문을 마련해야 할 것입니다. 그리고 학생들이 발문 안에서 문제를 해결할 실마리를 찾아갈 수 있도록 해야 합니다. 즉 뻔한 발문보다는 학습자에게 고민을 많이 하도록 하는 것이 좋은 발문입니다.

이렇게 창의적인 사고를 불러일으키도록 하는 발문의 예로는, 답을 먼저 제시하고 그런 답이 나올 수 있는 문제를 만들어 보도록 하는 것이 대표적입니다. 이런 발문은 학생들의 수준과 상관없이 문제를 만들 수 있다는 장점이 있습니다. 예를 들어 다음과 같이 물어 보는 것입니다.

답이 6이 되는 문제를 만들어 보시오.

초등학교 1학년 학생이라면 다음과 같이 다양한 문제를 만들어 낼 수 있을 것입니다.

- 비둘기가 2마리가 있습니다. 비둘기가 4마리가 더 날아왔습니다. 비둘기는 모두 몇 마리입니까?
- $13 - 7 = \square$

초등학교 6학년 학생이라면 다음과 같이 소수나 분수의 연산 문제를 만들 수 있습니다.

- 통에 3.7리터의 물이 있습니다. 이 통에 2.3리터의 물을 더 넣으면 모두 몇 리터가 됩니까?
- $1\dfrac{3}{5} + 4\dfrac{2}{5}$

중학생이라면, 연립일차방정식의 값이 6이 되는 문제를 만들어 보도록 할 수 있습니다. 학생은 다음과 같은 문제를 제시할 수 있을 것입니다.

$$\begin{cases} 2x + y = 13 & \cdots \text{①} \\ 2x - y = 1 & \cdots \text{②} \end{cases}$$

식 ①에서 식 ②를 빼면, $2y = 12$이고 $y = 6$이라는 답을 얻을 수 있습니다.

또 고등학교에서 적분을 배운 학생이라면 다음과 같은 문제를 만들어낼 수도 있습니다.

$$\int_{-1}^{2} (3t^2 - 1)dt$$

$3t^2 - 1$의 부정적분은 $t^3 - t + C$이므로, $(8 - 2 + C) - (-1 + 1 + C) = 6$이 됩니다. 이처럼 하나의 문제를 놓고도 학생들의 수준에 따라 다양한 생각이 가능합니다.

또 답을 먼저 제시하고 왜 그렇게 되는지 설명해 보도록 하는 것도 다양한 생각을 이끌어낼 수 있는 좋은 발문입니다. 예를 들어 $3x + 3 = 9$와 $3x + 4 = 10$이 같은 방정식이라는 것을 그림으로 설명해 보라고 물어볼 수 있을 것입니다. 여러 가지 표현과 설명이 가능하겠지만 한 가지만 예를 들면 아래와 같이 표현할 수 있습니다.

x	x	x	3	1
9				1

수학을 공부할 때 좋은 또 하나의 방법은 주어진 문제를 조금씩 변형하거나 확장해 가면서 생각해 보도록 하는 것입니다. 먼저 다음과 같이 삼각형 모양으로 놓인 ○ 안에 1에서 6까지의 자연수를 한 번씩 넣어 삼각형의 각 변을 이루는 세 수의 합들이 모두 같도록 만들어 보시기 바랍니다.

각 변을 이루는 세 수의 합이 같아야 하므로, 큰 수와 작은 수를 적절히 배치해서 문제를 해결해야 합니다. 또 가장 작은 수를 어디에 배치하는 것이 좋을지도 생각해 보는 것이 좋습니다. 이 문제에는 세 수의 합이 얼마인지에 따라 다음과 같이 여러 가지 답이 나올 수 있습니다.

그런데 이 네 가지말고 다른 경우가 더 있을까요? 그걸 알아보기 위해 방정식을 활용할 수 있습니다. 먼저 다음 그림과 같이 각각의 원에 들어갈 수를 a부터 f까지의 문자로 표시합니다.

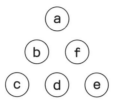

이제 삼각형의 각 변을 이루는 세 수의 합을 S라 하면, S = (a + b + c) = (c + d + e) = (e + f + a)입니다. 이제 이들을 모두 더해 봅니다.

$$3S = (a + b + c) + (c + d + e) + (e + f + a)$$
$$= (a + b + c + d + e + f) + (a + c + e)$$
$$= (1 + 2 + 3 + 4 + 5 + 6) + (a + c + e)$$
$$= 21 + (a + c + e)$$

이때, (a + c + e)가 가장 작은 경우는 1+2+3=6이고 가장 큰 경우는 4+5+6=15이므로, 다음 관계가 성립합니다.

$$21+6 \leq 3S \leq 21+15$$
$$9 \leq S \leq 12$$

따라서 S는 9, 10, 11, 12가 될 수 있고, 이 네 가지 경우뿐입니다. 무작정 아무 수나 넣어 보며 답을 찾기보다는, 이렇게 각 변을 이루는 세 수의 합을 얼마로 놓을지에 따라 세 꼭짓점에 놓일 수를 정한 뒤에 남는 수들을 적절히 배치하면 쉽게 결과를 얻을 수 있습니다.

이 문제를 약간 변형해서, 이번에는 아래 그림에 1에서 8까지의 자연수를 넣어 보겠습니다. 물론 사각형의 네 변을 이루는 세 수의 합들이 모두 같아야 합니다.

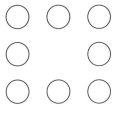

위와 같은 방법으로 생각해 보면, 우선 각 변을 이루는 세 수의 합은 12, 13, 14, 15의 4가지 경우가 있으며 그에 따라 꼭짓점에 놓일 네 수의 합이 각각 12, 16, 20, 24가 된다는 것을 알 수 있습니다. 따라서 다음과 같이 6가지 경우가 가능합니다.

합이 12인 경우   합이 13인 경우   합이 13인 경우

합이 14인 경우   합이 14인 경우   합이 15인 경우

이번에는 아래와 같은 + 모양에 1~9까지의 자연수를 넣어 가로줄에 놓인 수의 합과 세로줄에 놓인 수의 합이 같게 해 보는 문제입니다. 가로줄과 세로줄에 모두 포함되는 색칠한 부분에 들어갈 수를 먼저 생각해 보는 것이 좋습니다. 일단 최솟값 1과 최댓값 9, 그 중간값인 5일 경우는 다음과 같습니다.

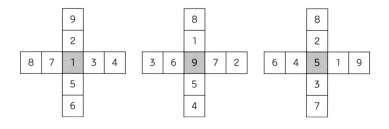

이외에도 다양한 방법이 있으니 직접 찾아보시기 바랍니다. 이 문제를 아래와 같이 ㄱ자 모양으로 변형해도 마찬가지입니다.

9	6	5	2	1
				3
				4
				7
				8

1	4	5	8	9
				7
				6
				3
				2

1	3	4	7	5
				8
				6
				4
				2

그리고 이를 변형하고 확장해서 ㄱ, ㄴ, ㄱ의 모양을 연달아 붙여서 만든 아래와 같은 모양에 1부터 9까지 자연수를 각 줄의 합이 같도록 넣어 볼 수도 있습니다.

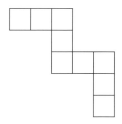

여러 가지 경우가 가능하지만, 그 가운데 하나를 예시하면 다음과 같습니다.

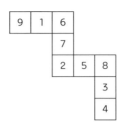

이 문제는 3×3의 마방진을 연상시키기도 합니다. 아래 그림과 같은 정사각형 공간에 가로, 세로, 대각선으로 놓인 수들의 합이 모두 같도록 수를 배치한 것을 마방진이라고 합니다. 3×3의 경우에는 1부터 9까지의 자연수를 사용합니다.

4	9	2
3	5	7
8	1	6

이 마방진을 쉽게 그리는 방법은, 다음과 같이 정사각형 바깥에 가상의 칸을 더 그린 뒤에 1부터 9까지의 수를 그냥 순서대로 대각선 방향으로 써 넣은 뒤에 튀어나온 부분을 안쪽으로 접는 것처럼 빈칸을 채우면 됩니다.

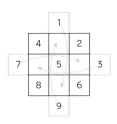

이 방법은 더 큰 마방진에도 적용할 수 있습니다. 5×5의 정사각형 모양에 1부터 25까지 자연수를 넣되 가로, 세로, 대각선으로 놓인 다섯 수의 합이 모두 같도록 마방진을 그리면 아래와 같습니다.

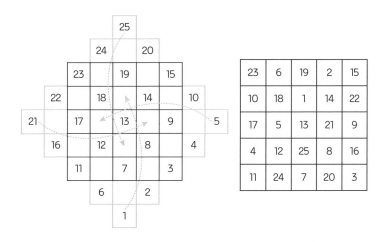

조선시대 화가 김홍도가 1745년에 그린 것으로 알려진 〈씨름〉에서도, 사각형 화폭의 각 꼭짓점과 한가운데에 배치된 사람들의 수를 두 대각선을 따라 더하면 모두 열두 명씩으로 같다는 것을 발견할 수 있습니다. 김홍도가 이를 의도했을지는 분명치 않지만 수학적인 균형을 고려했을 가능성은 있습니다. 미술 작품 감상을 수학과 연계할 수 있는 하나의 사례일 것입니다.

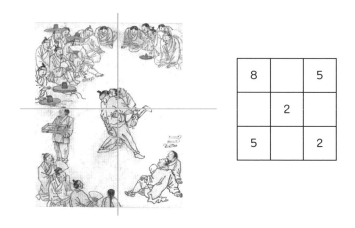

마지막으로, 위에서 다룬 문제들과 유사하지만 좀더 복잡하게 변형한 문제를 하나 더 살펴보겠습니다. 아래 그림과 같이 원 다섯 개가 오륜기 모양으로 각각 두 개씩 겹쳐 있습니다. 각 원과 겹친 부분 a부터 i까지에 1부터 9까지 자연수를 써 넣되 하나의 원 안의 놓이는 수(양끝에 있는 원은 두 수, 가운데 놓인 원들은 세 수)의 합이 같도록 하는 문제입니다.

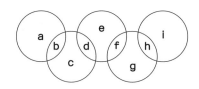

이 문제를 해결하려면 어떻게 해야 할까요? 우선 앞에서와 마찬가지로, 각 원 안에 들어가는 수들의 합이 어느 정도 되는지 알아보는 데서 시작해 보겠습니다. 하나의 원 안에 들어가는 수들의 합을 T라고 하면 다음과 같은 식을 얻을 수 있습니다.

$$5 \times T = (a+b)+(b+c+d)+(d+e+f)+(f+g+h)+(h+i)$$
$$= (a+b+c+d+e+f+g+h+i)+(b+d+f+h)$$
$$= 45+(b+d+f+h)$$
$$= 5 \times 9+(b+d+f+h)$$

따라서 $(b+d+f+h)$도 5의 배수가 되어야 합니다. 1~9 중 네 개의 수를 더해 5의 배수가 되도록 하면 최소 $1+2+3+4=10$과 최대 $9+8+7+6=30$을 구할 수 있고, T의 값은 최소 11에서 최대 15가 됩니다. 그런데 T가 15이고 $b+d+f+h=30$인 경우는, 양 끝 원의 b와 h에 네 수 중 어떤 것을 넣어도 a와 i에도 이 네 수 중 하나가 필요하기 때문에 아홉 개의 수를 한 번씩만 사용해야 한다는 조건을 만족할 수 없습니다. 이런 점에 주의해서 각각의 경우를 따져보면, T가 $11(b+d+f+h=10)$이거나 $14(b+d+f+h=25)$인 경우만 가능하다는 것을 알 수 있습니다. 그래서 조건에 맞도록 나머지 수들을 배치하면 다음과 같은 두 가지 답이 나옵니다.

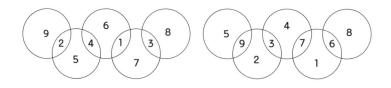

　쉬운 문제일 것 같지만 실마리를 발견해서 해결하지 않으면 답을 찾는 데 시간이 많이 걸릴 수 있습니다. 이처럼 수학에서는 어느 부분부터 문제를 공략해야 하는지부터 찾아내야만 문제를 쉽게 해결할 수 있습니다. 그런데 이런 능력은 문제를 많이 풀어 보고, 왜 그렇게 되는지 되돌아보면서 반성적인 사고를 하는 과정에서만 길러집니다. 그 밑바탕에는 문제를 전체적으로 조망할 수 있는 메타인지적인 눈이 필요한데, 수학을 많이 공부한 사람들은 이를 가리켜 고도의 직관력을 가졌다고 말합니다. 뛰어난 수학자는 처음 보는 아주 어려운 문제를 맞닥뜨려도 어떻게 접근해서 해결해야 할지 또 대충의 답이 어떻게 나올지를 직관적으로 가늠한다고 합니다. 수학을 배운다는 것은 수많은 문제풀이 경험을 통해 이런 능력을 길러 나간다는 뜻이기도 합니다.

　주어진 문제를 변형하거나 확장하면서 문제를 해결하고 일반화해 보는 것도 수학적 직관력을 기르는 방법입니다. 제시한 문제를 푸는 데만 익숙해져 있는 학생들에게 문제를 만들어 보라고 하면 처음에는 세련된 문제를 만드는 것을 어려워하기도 하지만, 꾸준히 노력하면 점점 더 '우아한' 문제를 만들어낼 수 있게 될 것입니다.

문제 하나에 답은 여러 개, 하나의 답에도 다양한 해법

수학을 공부할 때는 어떤 질문을 하느냐가 중요합니다. 우리는 학교에서 수많은 질문을 받으면서 수학 문제를 해결해 왔습니다. 그런데 우리가 접한 대부분의 문제들은, 초등학교 1학년 때의 "3+4는 얼마입니까?"와 같은 아주 쉬운 문제부터 고등학교에서 배우는 $\int_0^{\sqrt{3}} 3x\sqrt{x^2+1}\,dx$의 값을 구하라는 적분 문제까지 결국 오로지 한 가지 답을 요구하는 것들이었습니다. 꽤 복잡해 보여도, 적분을 구하는 방법을 알면 맞힐 수 있고 그렇지 않으면 틀리는 문제라는 것입니다. 이처럼 맞다 틀리다가 분명하거나 '예'나 '아니오'로 답할 수 있는, 하나 또는 유한개의 답이 정해져 있는 객관식 단답형 질문을 폐쇄형 질문Closed-ended question이라고 합니다. 현재 초·중·고등학교에서 사용하는 교과서에 실려 있는 대부분의 문제들이 이런 폐쇄형 질문일 것입니다.

수학의 문제 해결에 관한 연구를 활발하게 해 오고 있는 미국 버클리대학의 앨런 쇤펠트 교수는, 많은 학생들이 수학문제를 풀 때 답이 오직 하나이고 5분 이내에 풀려야만 한다는 생각을 가지고 있다면서 이는 학생들이 수학을 배우면서 문제를 짧은 시간 안에 풀도록 강요받았기 때문일 것이라고 주장했습니다.[1] 물론 현실적으로는 수학 학습을 하면서 이런 폐쇄형 질문을 많이 해결할 수밖에 없겠지만, 그래도 가끔은 정답이 여러 개이거나 해법이 여러 개인 개방형 문제Open-ended question도 경험할 필요가 있습니다. 학창시절에 수학 문제 하나를 가지고 몇 시간 또는 며칠을 고민하다가 해결하는 데서 오는 희열감을 맛보았던 분들도 있을 것입니다. 개방형 수학 문제의 경험은 학생들에게 수학을 보는 눈을 새롭게 할 것입니다.

수학에 어떤 개방형 문제가 있을지 알아보겠습니다. 개방의 정도에 따라서 다양하게 문제를 제시할 수 있을 것입니다만, 학생들도 생각해 볼 수 있는 것으로는 주어진 폐쇄형 질문을 개방형 문제로 변형해 보는 것이 있습니다. 다음은 초등학교 2학년에서 배우는 두 자리 수끼리의 덧셈입니다.

$$
\begin{array}{r}
3\ 5 \\
+\ 2\ 7 \\
\hline
\end{array}
$$

받아올림을 해서 계산하는 방법을 아는 학생이라면 이 덧셈을 별 생각 없이 금방 풀어 버릴 것입니다. 그런데 이 전통적인 교과서형 문제를 아래와 같이 변형해서 제시할 수 있습니다.

두 자리 수끼리의 덧셈을 할 때, 2, 3, 5, 7의 네 수를 한 번씩만 넣어 아래의 물음을 만족하는 수를 찾아 보세요.

- 합이 가장 큰 수를 만들어 보세요.
- 합이 두 번째로 큰 수를 만들어 보세요.
- 합이 90보다 큰 수를 만들어 보세요.
- 만약 연산 기호가 뺄셈이라면, 차가 가장 큰 수를 만들어 보세요.
- 만약 연산 기호가 뺄셈이고 차가 0보다 크다면, 가장 작은 수를 만들어 보세요.
- 만약 연산 기호가 곱셈이라면, 만들 수 있는 곱 중에 가장 중간의 곱을 만들어 보세요.
- 만약 연산 기호가 나눗셈인 경우 몫이 1에 가장 가까운 수를 만들어 보세요.
- 이 문제를 보고, 만들 수 있는 다른 문제를 생각해 보세요.

이와 같이 여러 가지 물음을 제시할 수 있고 답도 다양하게 나올 수 있는 문제를 만들어낼 수 있을 것입니다.

사실 최근에 개발하는 교과서에서도 창의성을 함양하기 위한 자료들을 적극적으로 포함하는 노력을 하고 있습니다. 제가 학년 책임을 맡아 개발한 초등수학 교과서에서도 이와 유사한 문제를 제시하고 있습니다. 가장 쉽게 생각할 수 있는 것으로는, 답을 제시하고 문제를 만들어 보게 하는 방법이 있습니다. 예를 들면 "답이 10이 되는 문제를 만들어 보세요"라고 물어볼 수 있을 것입니다. 다양한 문제를 답할 수 있을 것이고, 또한 초등학교 1학년 학생에게나 대학원생에게나 같은 질문을 할 수 있다는 장점이 있기도 합니다. 각자 자기 수준에 맞는 문제를 만들어낼 것이기 때문입니다.

초등학교 수학교과서는 보통 5년 정도의 주기로 교육과정이 바뀌면 새로운 교과서를 개발해서 사용하는데, 지금 사용하고 있는 초등학교 수학교과서는 이전의 수학교과서보다 "왜 그렇게 생각했습니까?"라는 발문이 유난히 많이 등장합니다. 예를 들어 초등학교 2학년 뺄셈에서 다음과 같은 문제를 제시합니다.

45−28은 얼마입니까? 왜 그렇게 생각했습니까?

그런데 학교 현장에서는 이 발문의 의도를 가볍게 생각하거나 무시하는 경우가 많습니다. 학생들은 "왜 그렇게 생각했습니까?"에 대한 답으로, "그냥요"라는 답을 많이 합니다. 여기에서 '그냥'이라는 것은 계산하니 그리 나왔다는 뜻입니다. 비슷한 반응으로는 "45-28은 17이니까요"라고 답을 하기도 합니다. 그러니 선생님들도 이런 뻔한 질문을 왜 하는지 모르겠다며 아예 아이들에게 물어보지 않고 지나가는 경우가 많다고 합니다. 그래서 제가 교과서를 개발할 때, 좀 더 세련되게 물어보면 좋을 것 같다고 주장하기도 했었습니다. 예를 들어 위의 질문을 "어떻게 계산했는지 말해 보세요"라고 하면, 계산 결과를 어떻게 얻었는지 말로 표현해 보라는 것이니 조금은 다른 답이 나올 수도 있습니다. 그리고 이것이 위의 발문에서 의도했던 바일 것입니다. 알고 있는 것을 자신의 말로 표현하는 것은 또다른 능력이고, 수학교육에서도 표현능력이 중시되고 있다는 점은 앞에서도 강조했습니다. 이렇듯 학생들 특히 어린 학생들에게 수학을 지도할 때는 아이들이 질문자의 의도를 어떻게 받아들이는지를 세밀하게 관찰할 필요가 있습니다.

다음은 인터넷에서 떠도는 재미있는 반응의 예입니다.

다음 모양이 직사각형이 아닌 이유를 설명하시오.

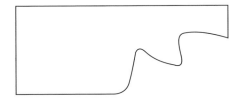

아마도 이 문제를 출제한 선생님이 예상한 답변은 "직각이 3개 밖에 없기 때문에 직사각형이 아닙니다" 또는 "4개의 선분으로 이루 지지 않았기 때문입니다" 정도일 것입니다. 그런데 학생의 반응 중 에는 "원래 직사각형인데 찢어져 있어서"라는 답을 한 경우가 있었 습니다. 이렇게 답변을 하면 어떻게 채점을 해야 할까요? 당연히 이 것도 정답으로 처리를 해야 할 것입니다. 아마도 이 학생은 정말로 그리 생각했을 것이고, 직사각형의 의미를 알고 있기에 가능한 생각 이기 때문입니다.

인터넷에서 '가장 어려운 수학 문제'라는 제목으로 네티즌들의 논란을 불러일으킨 문제가 있습니다. 한 번쯤 보신 분들도 있을 것 입니다. 헤아리기 힘들 정도로 많은 사람들이 모여 있는 야구장의 관중석을 묘사한 그림을 제시하고, 그림 속의 사람 수가 대략 몇 명 이나 되겠냐고 묻는 문제입니다. 사실 이 문제는 초등학교 3학년 수 학 교과서에 실렸던 문제입니다.

이 문제에 대해 "도대체 어떻게 사람의 수를 세라고 이런 문제를 내는가"라고 비판하는 네티즌들이 많았습니다. 하지만 이 문제는 사 람의 수를 일일이 세어 몇 명이 되는지 답하라는 것이 아닙니다. 이 문제의 의도는 대강으로 어림을 해 보도록 하는 것입니다. 일상생활 에서는 수를 일일이 세지 않고 대강 얼마쯤일지 가능한 한 정확한 값에 근접한 수를 어림하는 능력도 중요합니다. 이를 전문적인 용어 로는 수의 양감을 갖도록 한다고도 합니다.

사실 학교에서 수학을 공부하면서 여러 가지 방법으로 문제를 해결했던 경험은 그리 많지 않을 것입니다. 간단한 연산조차도 다양한 방법으로 계산해 보도록 하는 것은 학생들에게 창의적인 아이디어를 기르게 하는 방법이 될 수 있습니다. 수학을 공부하면서 다양한 전략을 사용해서 해결할 수 있는 문제들은 많이 있습니다. 수학교육계에서 유명한 '닭과 돼지 문제'는 학생들로 하여금 다전략을 생각해 보도록 할 수 있는 문제 가운데 하나입니다. 다음과 같은 문제입니다.

어느 농장에 갔더니, 돼지와 닭의 머릿수는 80개, 다리의 개수는 220개였습니다. 닭과 돼지는 각각 몇 마리씩입니까?

이 문제를 풀어 보라고 한다면, 아마도 대부분은 중학교 때 배운 이원일차방정식을 이용해서 다음과 같이 닭의 머릿수를 x로, 돼지의 머릿수를 y로 놓고 풀 것입니다.

$$\begin{cases} x + y = 80 \\ 2x + 4y = 220 \end{cases}$$

하지만 초등학교 학생들에게 이 문제를 제시한다면 어떻게 풀 수 있을까요? 위와 같은 연립방정식을 이용하는 것말고 또 어떤 방법이 있을까요? 이 문제를 초등영재 학생들에게 여러 가지 방법으로 풀어 보도록 했습니다. 이 초등학생들은 아래와 같이 방정식을 이용하는 전략을 포함해서 다양한 풀이 방법을 제시했습니다. 그 중에 몇 가지를 보면 다음과 같습니다.

연립방정식을 활용해서 해결하기

$1p+1c = 80$ (머리 수)

$4p + 2c = 220$ (다리 수)

$p = 30$ (돼지 마리 수)

$c = 50$ (닭 마리 수)

논리적인 어림 전략을 사용해서 해결하기

아래와 같이 표를 그려 봅니다.

닭		돼지		계		
머리 수	다리 수	머리 수	다리 수	머리 수	다리 수	
80	160	0	0	80	160	(다리 수가 충분하지 않음)
40	80	40	160	80	240	(아직도 다리 수가 충분치 않음)
50	100	30	120	80	220	(적절함)

일대일대응을 이용해서 해결하기

모든 닭은 한 발로 서고, 돼지는 뒤의 두 발로 선다고 생각해 봅니다. 그러면 농부는 80개의 머리와 110개의 다리를 볼 수 있습니다. 110과 80의 차 30은 돼지가 두 발로 서 있기 때문이므로 돼지는 30마리이고, 따라서 닭은 50마리가 됩니다.

그림을 그려서 해결하기

동물의 머리의 수와 다리의 수가 각각 80과 220이므로, 모두 10으로 나누어 주면 각각 8과 22가 됩니다. 이를 그림으로 나타내면 다음과 같습니다. 먼저 머리를 8개 그리고, 각각 2개씩의 다리를 그린 뒤에 다리의 개수가 모두 22가 되도록 필요한 만큼 더 그려 넣습니다.

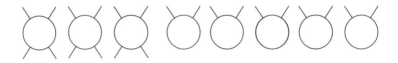

이렇게 완성된 그림을 보면, 다리가 4개인 돼지는 3마리이고, 다리가 2개인 닭이 5마리입니다. 이 결과에 다시 10배를 하면, 돼지는 30마리, 닭은 50마리가 됩니다. 비슷한 방법으로, 22를 8개의 4 또는 2의 합으로 표현하는 방법(2+2+2+2+2+4+4+4)을 사용하는 경우도 있었습니다.

그래프로 해결하기

다음과 같이 좌표평면 위에 두 직선, $y = 80 - x(\leftarrow x + y = 80)$와 $y = 55 - \dfrac{1}{2}x(\leftarrow 2x + 4y = 220)$을 그어 두 직선이 만나는 점의 좌표점을 확인합니다. 교점의 x좌표 값과 y좌표 값이 각각 닭과 돼지의 마리 수입니다.

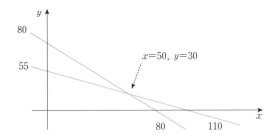

모두 닭 또는 돼지라고 생각해서 해결하기

80마리가 모두 닭이라고 가정하면, 다리의 개수는 80×2=160이어야 하는데 220−160=60(개)의 차이가 납니다. 이만큼의 다리가 2개씩 더해져야 닭이 아닌 돼지가 될 것이므로 60÷2=30이 돼지의 마리 수입니다. 거꾸로 모두 돼지라고 가정할 수도 있습니다. 그럴 경우 다리의 개수는 80×4=320이어야 하는데 320−220=100(개)의 차이가 납니다. 이만큼의 다리를 2개씩 빼면 닭이 될 테니 100÷2=50이 닭의 마리 수입니다.

배수의 성질을 이용해서 해결하기

닭을 a마리, 돼지를 b마리라고 하면, a+b=80도 10의 배수이고, 2a+4b=220이 20의 배수이므로 양변을 2로 나눈 a+2b=110도 10의 배수입니다. 따라서 (a+2b)−(a+b)도 10의 배수이므로, a에 10, 20, 30…을 차례로 대입해서 a=50, b=30일 때 다리의 수가 200개가 된다는 것을 확인합니다.

비율을 이용해서 해결하기

다음과 같은 비례식을 이용합니다.

닭과 돼지의 머리 수 : 닭과 돼지의 다리 수

$= 80 : 220 = 8 : 22$

머리 수 8개를 닭과 돼지의 마리 수로 적절하게 나눠서 22개의 다리 수를 만들어 봅니다. 이를 만족하려면 $2+2+2+2+2+4+4+4=22$이므로, 닭 : 돼지 $= 5 : 3$이 됩니다. 따라서 닭 50마리, 돼지 30마리입니다.

그래프와 비율을 이용해서 해결하기

닭의 머리수 x와 다리의 수 y의 관계를 그래프로 그리면 직선 $y = 2x$가 되고, 돼지의 머리수 x와 다리수 y의 관계는 직선 $y = 4x$로 표현할 수 있습니다. 또 닭과 돼지의 머리수 x와 닭과 돼지의 다리 수 y의 관계는 $y = \dfrac{11}{4}$(220:80=11:4이므로)가 됩니다. 이 세 직선을 그래프로 그리면 다음과 같습니다.

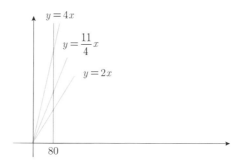

이제 닭과 돼지의 머리 수와 다리 수의 비를 사용해서 닭과 돼지의 마리 수를 구할 수 있습니다.

$$\text{닭의 수} : \text{돼지의 수} = 4 - \frac{11}{4} : \frac{11}{4} - 2$$
$$= \frac{5}{4} : \frac{3}{4}$$
$$= 5 : 3$$

비율과 그래프를 이용해서 해결하기

닭과 돼지의 다리 수와 닭과 돼지의 머리 수 사이의 비율 $\frac{11}{4}$ =2.75이므로, 닭 또는 돼지 한 머리의 다리 수는 2.75개꼴인 셈입니다. 이 비율과 닭의 다리 수 2 및 돼지의 다리 수 4 사이의 관계를 수직선 그래프로 나타내면 아래와 같습니다.

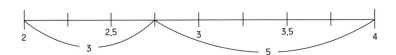

따라서 (돼지 머리 수) : (닭의 머리 수) = 3 : 5가 되어 각각 30개와 50개가 됩니다.

코시슈바르츠의 부등식을 활용해서 해결하기

a와 b가 양수일 때 다음 관계가 성립합니다.

$$\frac{a+b}{2} \geq \sqrt{ab}$$

산술평균은 기하평균보다 크거나 같다는 이 부등식을 코시슈바르츠의 부등식이라고 합니다. 이 부등식의 양변을 제곱하고, $a+b$에 닭과 돼지의 머리의 개수인 80을 대입해 정리하면,

$$(\frac{a+b}{2})^2 \geq ab$$
$$1600 \geq ab$$

라는 것을 알 수 있습니다. 즉 닭의 머리 수와 돼지의 머리 수를 곱한 값이 1600보다 작거나 같습니다. 일단 닭과 돼지가 각각 40마리씩이라고 가정하고 다리 수의 조건이 맞는지를 확인해 보고, 수를 점차 줄여가면서 조건에 맞는 정확한 답을 찾아갈 수 있습니다. 이 방법은 완벽하지는 않습니다. 중요한 것은, 학생들이 수학적 관계들을 이용해서 다양한 시도를 했다는 사실입니다. 완벽하지는 않지만 다양한 전략을 생각해 보도록 하는 것은 의미가 있습니다. 위의 방법 말고도 무작위로 수를 넣어 보면서 적절한 수를 찾아가는 '시행착오' 전략으로 문제를 해결하는 모습을 보여주기도 했습니다.

　이들 전략의 특징은 두 가지 이상의 전략을 복합적으로 활용(표 그리기와 논리적 추론하기, 단순화하기와 비율 활용하기, 그래프와 비율 활용하기, 그래프와 닮음 활용하기 등)한 경우가 많았다는 것입니다. 몇몇의 경우에는, 집합 개념이나 코시슈바르츠 부등식 등 초등학교 이상의 수하

을 활용하기도 했습니다 이들 전략은 빠른 시간 안에 주어진 문제를 해결할 수 있는 효율적인 방법들이 많다는 특징이 있었습니다. 또 초등학교 수준보다는 더 상위의 수학적인 개념을 사용할 때 다른 사람들이 생각하기 쉽지 않은 독창적인 전략을 보여주기도 했습니다. 이는 영재 학생들이 일반 학생들에 비해 보다 다양하고 체계적이고 분석적인 능력을 보여준다는 크루테츠키V. A. Krutetskii의 연구[2]와 일치하는 결과입니다.

다음 도표는 제가 수행했던 연구[3]에서 일반 학생, 영재 학생, 예비교사, 현직 교사들의 이 문제를 해결한 전략의 사용 비율을 정리한 것입니다(괄호 밖의 수는 횟수, 안의 수는 비율을 나타냅니다).

참여자 유형	일반 학생	영재 학생	예비교사	현직 교사	합계(%)
연립방정식 활용하기	23(18.1)	94(27.2)	72(28.3)	53(25.9)	242(26.1)
논리적으로 추론하기	29(23.6)	41(11.8)	19(7.5)	24(11.7)	113(12.2)
표 그리기	11(8.9)	34(9.8)	50(19.7)	37(18.0)	132(14.2)
임의의 수로 가정하기	39(31.7)	24(6.9)	42(16.5)	33(16.1)	138(14.9)
그림이나 도표 그리기	7(5.7)	5(1.4)	6(2.4)	3(1.5)	21(2.3)
비율 활용하기	2(1.6)	12(3.5)	2(0.8)	1(0.5)	17(1.8)
조건 변형하기	2(1.6)	65(18.8)	36(14.2)	42(20.5)	145(15.6)
일차함수 활용하기	0(0)	40(11.6)	17(6.7)	5(2.4)	62(6.7)
홀수와 짝수 활용하기	0(0)	2(0.6)	3(1.2)	1(0.5)	6(0.6)
기타(계산기 사용, 직접세기, 농부에게 물어보기 등)	10(8.1)	29(8.4)	7(2.8)	6(2.9)	52(5.6)
합계 (%)	123(100)	346(100)	254(100)	205(100)	928(100)

일반 학생들이 선호하는 전략은 임의의 수로 가정하기(31.7%)와 논리적으로 추론하기(23.6%)이고, 영재 학생들은 연립방정식 활용하기(27.2%)와 조건 변형하기(18.8%)를 가장 많이 사용했습니다. 예비교사들이 선호하는 전략은 연립방정식 활용하기(28.3%)와 표 그리기(19.7%)이고, 현직 교사들은 연립방정식 활용하기(25.9%)와 조건 변형하기(20.5%)였습니다. 일반 학생들을 제외한 모든 집단에서 연립방정식 활용을 가장 선호했다는 것을 알 수 있습니다. 이와는 달리 초등학교 6학년 일반 학생들은, 닭과 돼지의 수를 특정한 수(가령 40마리씩)라고 가정한 뒤에 조건에 맞는지 확인해 가면서 마리 수를 바꿔 보는 전략을 가장 선호했습니다. 연립방정식을 알고 있는 중학교 집단에서는 이를 가장 선호했다는 사실로 미루어, 수학을 배운 경험이 전략을 결정하는 데 많은 영향을 미친다는 것을 알 수 있습니다. 또한 사용하는 전략의 가짓수는 영재 학생들이 일반 학생이나 교사들보다도 더 많았다는 점에서, 수학 영재들이 보다 다양한 전략을 만들어내는 능력이 돋보인다는 것을 알 수 있습니다.

다음은 베커Becker와 시마다Shimada가 예시한 개방형 문제입니다.[4]

세 사람이 5개의 구슬을 던져서 흩어짐이 적은 사람이 이기는 놀이를 하고 있습니다. 세 사람이 던진 구슬이 다음 그림과 같을 때, 흩어짐의 정도는 A가 가장 크고 C가 가장 작다고 생각할 수 있을 것입니다. 이때 흩어짐의 정도를 어떻게 비교할 수 있을지 수학적으로 설명해 보세요.

흩어짐의 정도를 어떻게 계산할 수 있을까요? 아마도 다음과 같은 생각을 해 볼 수 있을 것입니다.

- 5개의 점을 이어 만들어지는 다각형의 넓이를 구한다.
- 5개의 점을 이어 만들어지는 다각형의 둘레를 구한다.
- 5개의 점들을 2개씩 이은 선분의 길이 중 가장 긴 것의 길이를 구한다.
- 5개의 점들을 2개씩 이은 선분의 모든 길이의 합을 구한다.
- 5개의 점들을 포함하는 가장 작은 원의 반지름 길이를 구한다.
- 5개의 점들을 좌표평면에 위치시키고 각 점이 x축으로부터 떨어진 거리의 합을 구한다.

이 이외에도 흩어짐의 정도를 나타내 볼 수 있는 다른 방법들은 많습니다. 이처럼 개방형의 수학 문제는 정답이 하나로 정해지지 않았거나 정답에 접근하는 방법이 다양합니다. 물론 여러 가지 가능한 경우 중에서도 최적의 방안을 찾는 것은 또 다른 수학적 절차가 될 것입니다.

권오남·방승진·송상헌의 연구에서는 중학교 영재들에게 다음과 같이 놓인 점을 연결해서 넓이가 2인 도형을 그리라는 간단한 문제를 제시하고 여러 가지 방법으로 해결하도록 했습니다.[5]

다음은 몇 가지 예입니다.

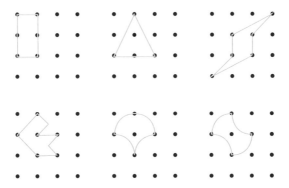

이들은 학생들이 제시한 방법이 얼마나 창의적인지를 차별화할 수 있는 방안을 제안했는데, 이는 보는 관점에 따라서 얼마든지 다를 수 있을 것입니다.

우리가 실생활에서 부딪히는 많은 문제들은 정답이 정해져 있지 않고 해결 방법도 여러 가지여서 그 중에 최선의 방안을 찾아야 하는 경우가 대부분입니다. 초등학교 수준에서라면 학급에서 회장 선거를 할 때 어떤 전략을 세워서 추진할 것인가, 어른들이라면 어디에 어떻게 투자를 할 것인가 등은 수학적으로 생각해서 최선의 방안을 찾아야 하는 문제들일 뿐 정답이 정해져 있는 것이 아닙니다. 수학은 우리가 살아가는 모든 문제에서 최선의 방법을 찾는 데 도움을 줄 수 있습니다. 그래서 수학에는 오직 한 가지 답과 풀이 방법이 정해져 있다고 생각하는 학생들에게 다양한 풀이 방법을 경험해 보도록 하는 것이 중요합니다. 간단한 연산 문제이든 복잡한 문제이든 '답이나 해법은 반드시 하나만이 아닐 수 있다'는 생각을 가지고 수학을 공부하는 태도를 길러 줄 수 있기 때문입니다.

같은 질문이라도
다르게 해석될 수 있다

수학을 학습하거나 지도할 때, 혼동되는 질문들을 마주하게 되는 경우가 있습니다. 이는 대부분 수학 자체의 문제라기보다는 수학을 배우는 학생들의 수준에 따라서 문제의 해석이 달라지기 때문인 경우가 많습니다. 최근 인터넷에서 화제가 된 문제가 있었습니다.

이 그림에는 직각이 두 개 있습니다. 맞습니까? 틀립니까? 또 그 이유를 설명하시오.

이 문제는《수학으로 생각하는 힘》을 쓴 옥스퍼드대 출신으로 영국 바스대 수리과학과 교수인 키트 예이츠Kit Yates가 일곱 살짜리 딸의 수학 숙제 때문에 당황한 사연을 트위터에 올린 것입니다.

수학을 전공하는 교수가 왜 당황했을까요? 답을 찾을 수 없어서가 아니라 아이의 수준에서 어떻게 설명해야 할지 몰라서일 것입니다. 아마도 초등학교 수준에서는 양쪽이 선분과 곡선으로 만나는 것으로 보이기 때문에 "틀리다"를 정답으로 할 것입니다. 초등학교 수준에서는 각을 "한 점에서 그은 두 직선으로 이루어진 도형"으로 정의하기 때문입니다. 중학교에서는 "한 점에서 시작하는 두 반직선으로 이루어진 도형"이라고 정의합니다. 당연히 수학적으로 정확한 정의는 아닙니다만, 초등학교 아이들의 이해 수준을 고려해서 원래의 수학적 의미를 약간 변형해 제시하는 것입니다. 유명한 수학교육학자인 가이 브로소Guy Brousseau는 이를 가리켜 '교수학적 변환'이라고 일컫기도 했습니다. 이는 어린 학생들에게 수학을 지도할 때 어쩔 수 없이 나타나는 현상으로 원을 둥근 모양, 구는 공 모양, 직육면체를 상자 모양 등으로 부르는 것도 이런 예입니다. 수학을 지도할 때 수학적인 의미를 순수 수학에서 정의하듯이 설명하기보다는 어린 학생들의 인지 수준을 고려해서 직관적으로 보고 이해하도록 할 필요가 있기 때문입니다.

초등학교와 중학교에서라면 각은 두 반직선이 만나서 이루는 도형인데, 고등학교의 수준에서는 다음 그림과 같이 반원의 끝점에서 지름에 수직인 두 접선을 그을 수 있습니다. 그렇게 보면 직각은 2개라고 할 수 있겠지만, 이는 미분의 개념을 알고 있어야 답할 수 있는 수준입니다.

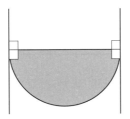

영재선발 문제의 수학과 대표 교수로 역할을 한 적이 있는데, 초등학교 4학년에서 고등학교 1학년까지 문제를 검토하면서도 비슷한 경험을 했습니다. 중·고등학교 선생님들은 초등학교 영재 문제에서 명확한 조건이 없이 직관적으로 제시하는 것을 매우 어색해합니다.

논란을 불러일으키는 또 하나의 문제는 연산의 순서입니다. 다음과 같은 간단한 연산 문제가 인터넷에 공개되었을 때 답변한 사람들의 92%가 오답을 제시한 일이 있습니다.

다음 식의 계산 결과는 얼마입니까?

$$7 + 7 \div 7 + 7 \times 7 - 7$$

① 0   ② 8   ③ 50   ④ 56

답은 얼마일까요? 아마도 초등학교 4학년쯤 되는 학생들은 거의 다 맞히는 문제일 텐데, 성인들은 공부한 지가 오래 돼서 오히려 혼동이 오는 분들이 많은가 봅니다. 이 식을 그냥 순서대로만 계산하면 56이 됩니다. 하지만 덧셈과 뺄셈, 또는 곱셈과 나눗셈만 있는 계산은 왼쪽에서 오른쪽으로 차례대로 계산하기만 하면 되는 데 반해, 이들이 섞여 있을 때는 괄호가 있으면 괄호 안을 먼저 계산하고 곱셈과 나눗셈을 덧셈과 뺄셈보다 먼저 해야 합니다. 이 규칙대로 계산하면 정답이 50이 됩니다. 그렇다면 괄호가 있는 $32 \div 2(6+1)$의 계산 결과는 어떻게 될까요? 이는 $32 \div 2 \times (6+1)$와 같은 뜻이니 괄호 안을 먼저 계산한 뒤에 나눗셈과 곱셈을 차례로 계산해서 112가 정답이 됩니다.

미국에서는 이런 혼합계산의 순서를 외우기 쉽도록 연산 이름의 앞글자만을 딴 PEMDAS를 "Please Excuse My Dear Aunt Sally(친애하는 샐리 이모님께 양해를 구합니다)"라는 문장으로 만들어 외우기도 합니다. 캐나다나 뉴질랜드에서는 주로 BEDMAS라고 외웁니다. PEMDAS는 괄호Parenthesis, 지수Exponents, 곱하기Multiplication, 나누기Division, 더하기Addition, 빼기Subtraction의 약자이고, BEDMAS는 괄호Brackets, 지수Exponents, 나누기, 곱하기, 더하기, 빼기를 약자로 나타낸 것입니다. 영국이나 인도 등에서는 지수 대신 거듭제곱Order을 사용한 BODMAS를, 아프리카 쪽에서는 Exponents 대신 Indices를 사용해서 BIDMAS로 외우기도 한다고 합니다.

그런데 왜 이런 순서로 계산하게 될까요? 이는 일종의 약속이라고 볼 수 있습니다. 예를 들어 $2 \times 3 + 4$와 $2 \times (3+4)$이 적용되는 상황은 다릅니다. 앞에 것은 "바둑돌이 2개씩 세 모둠이 있는데 여기에 4개를 더하면 몇 개입니까?"일 테고, 뒤에 것은 "바둑돌 3개와 4개가 있는데 이를 한데 모아 2배를 하면 몇 개가 됩니까?"라는 뜻일 것입니다. 이처럼 수학의 연산은 일정한 상황을 기호로 표현한 것으로 보면 이해하기가 쉽습니다. 그래서 의사소통을 무리없이 하려면 계산 순서에 대해 서로 간에 약속이 있어야 하는 것입니다.

이런 혼동되는 문제는 초등학교에서 학생들에게 시험 문제를 낼 때도 발생하게 됩니다. 다음은 서울의 어느 초등학교 1학년 선생님이 제 의견을 물어본 내용입니다. 학교에서 수학경시대회를 치렀는데, 아래 문제의 정답을 놓고 의견이 분분해서 채점을 어떻게 해야 할지 의견을 구한 것입니다.

다음 그림에서 사각형 모양은 모두 몇 개입니까?

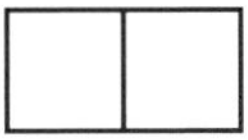

① 1개　　　　② 2개　　　　③ 3개　　　　④ 4개

저는 바로 답변을 드리지 않고 먼저 학생의 입장에서 생각해 보도록 권했습니다. "공부를 열심히 하고 선행학습도 하는 어느 학생이 보니, 작은 정사각형 2개에 이 정사각형 2개를 포함하는 직사각형까지 모두 3개라고 생각해서 당연히 ③이 정답이라고 답했습니다. 그런데 다시 검토를 하다가 1학년 수준에서는 이 그림에서 사각형을 2개라고 해야 할 것 같다는 생각이 들어서 ②번으로 고쳐서 제출했습니다. 만일 100점을 받을 것으로 생각했던 그 학생이 유일하게 틀린 문제가 이 문제라면 이 아이는 얼마나 속이 상할까요?" 그러니 ②와 ③을 모두 정답으로 처리하는 것이 좋을 것 같다고 말씀드렸습니다. 물론 4학년 이후라면 ③만을 정답으로 해도 될 것입니다. 이처럼 같은 문제라도 학생의 수준에 따라서 유연하게 생각할 수 있어야 하고, 시험이라면 학생들을 격려하는 방향으로 처리하는 것이 바람직할 것입니다.

다음은 또 다른 예입니다. 앞에서 다루었던 분수의 나눗셈입니다. 분수의 나눗셈을 배운 초등학교 6학년에게 아래와 같은 시험 문제를 냈다고 합니다. 답이 어떻게 될까요?

$1\frac{3}{4}$ L의 물을 $\frac{1}{2}$ L씩 덜어내면 몇 번 덜어낼 수 있습니까?

(   )번

물론 다음과 같이 분수의 나눗셈을 하면 답을 구할 수 있습니다.

$$1\frac{3}{4} \div \frac{1}{2} = \frac{7}{4} \div \frac{1}{2} = \frac{7}{4} \times \frac{2}{1} = \frac{7}{2} = 3\frac{1}{2}$$

따라서 이 문제의 답은 '3번', '3번과 나머지 $\frac{1}{2}$번', 또는 '$3\frac{1}{2}$번' 등으로 쓸 수 있습니다. 여기에서 앞의 3번은 쉽게 이해가 되겠지만 뒤에 붙은 $\frac{1}{2}$은 어떤 의미일까요? 이를 확인하기 위해 다음과 같이 그림으로 나타내 보겠습니다.

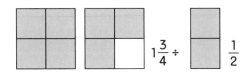

즉 주어진 $1\frac{3}{4}$을 $\frac{1}{2}$씩 빼 나간다면 몇 번 뺄 수 있는지 알아보는 것입니다. 3번 빼고도, 한 번이 안 되는 $\frac{1}{2}$번을 더 뺄 수 있습니다. 그래서 정확한 답은 $3\frac{1}{2}$이 됩니다. 그런데 몫의 의미를 정확하게 이해하지 못하면 다른 답을 할 수도 있습니다. 또 정답이 3이라고 답한 학생들 중에는 분수의 나눗셈을 할 줄은 알지만, 횟수를 세는 '번'은 자연수만 가능하다고 생각해서 3이라고 답을 한 경우도 있을 수 있습니다. 사실은 문제가 요구하는 바가 모호했던 것입니다.

이렇게 시험 문제가 잘못 출제되면 모두 정답으로 처리해야 합니다. 실제로도 수능 문제에서 오류가 발견되면 모두 정답으로 처리합니다. 왜 그럴까요? 이것도 수학적으로 생각해 볼 수 있습니다.

다음의 논리식에서, 빈 칸에 들어갈 진리값들을 채워 보시기 바랍니다. 배운 지 꽤 오래 돼서 헷갈릴지도 모르겠습니다.

P	Q	P→Q
T	T	
T	F	
F	T	
F	F	

P → Q의 진리값은 위에서부터 차례로, T, F, T, T가 됩니다. 그런데 왜 둘째 줄만 F(거짓)일까요? 아마도 여러분들은 이 진리값을 무작정 외웠을 것입니다. 다음과 같이 구체적인 상황에서 생각해 봅시다.

P(교사)	Q(학생)	P → Q(결정)
T(문항에 오류가 없음)	T(바르게 답함)	T(오류 없는 문항에 학생이 바르게 답함)
T(문항에 오류가 없음)	F(바르게 답하지 못함)	F(오류 없는 문항에 학생이 바르게 답하지 못함)
F(문항에 오류가 있음)	T(바르게 답함)	T(오류 있는 문항에 학생이 바르게 답함)
F(문항에 오류가 있음)	F(바르게 답하지 못함)	T(오류 있는 문항에 학생이 바르게 답하지 못함)

위와 같이 네 가지 경우를 나눠서 보면, 이 중에 문제는 바르게 잘 출제했는데, 학생이 잘못 답한 경우만을 오답으로 처리하는 것이 옳다고 보는 것입니다. 만일 문제에 오류가 있다면, 학생이 교사가 의도한 답을 제시했든 그러지 않았든 학생의 답과 상관 없이 모두 정답으로 처리하는 것이 적절하다는 것입니다.

논리식과 관련해서 간단하지만 혼동되는 질문 중에는 다음과 같은 것이 있습니다.

다음 문장의 부정을 말해 보시오.

"봄이 오면 꽃이 핀다"

이 문장을 부정하면 어떻게 될까요? "봄이 오지 않으면 꽃이 피지 않는다"일까요, "꽃이 피지 않으면 봄이 오지 않는다"일까요? 하지만 이 문장도 조건문이므로 p(봄이 오면) $\to q$(꽃이 핀다)의 부정이 어떻게 되는지 수학적으로 생각해 볼 수 있습니다. 아래 논리식에서 $\sim$는 '부정'을, $\equiv$는 '동치'를 나타냅니다.

$$\sim(p \to q) \equiv \sim(\sim p \lor q) \equiv \sim(\sim p \lor q) \equiv p \land \sim q$$

위와 같이 $p \to q$와 $\sim p \lor q$가 등치라는 성질을 이용하면 $p \to q$의 부정은 $p \land \sim q$이 됩니다. 따라서 "봄이 오면 꽃이 핀다"의 부정은 "봄은 왔는데 꽃이 피지 않는다"가 됩니다. 이는 논리적으로 생각해도 말이 되는데, 찬찬히 들여다보지 않으면 얼핏 혼동이 될 수도 있습니다. 이처럼 일상에서 쓰이는 말도 수학적으로 생각하는 것은 우리기 논리적으로 생각하도록 하는 데 도움이 됩니다.

학생들의 학습을 돕기 위해서 문제를 제시할 때는 학생들의 오류로부터도 더 많은 논의거리를 얻을 수 있어 그 자체로 학습을 위한 기초가 되겠지만, 평가를 위해서 출제하는 경우에는 의도하지 않은 답이 나오지 않도록 최대한 검토를 해야 합니다. 그리고 꼼꼼하게 검토를 했는데도 학생들의 입장에서 혼동이 될 만한 내용을 예측하지 못했다면 허용적으로 채점하는 것이 옳다고 봅니다.

자와 컴퍼스로 만들어내는
도형과 수의 세계

중·고등학교 시절 수학 시간에 작도를 해 본 경험이 있을 것입니다. 작도는 눈금 없는 자와 컴퍼스만을 사용해서 도형을 그리는 것을 말합니다. 자와 컴퍼스만을 가지고 도형을 만들어내는 것이 그리 간단하지만은 않기 때문에, 직접 작도를 해 보는 것은 학생들이 도형의 개념이나 성질을 이해하는 데 도움이 됩니다.

최근에는 한국과학창의재단에서 만들어 무료로 배포하는 알지오매스Algeomath나 외국에서 개발해서 무료로 이용이 가능한 지오지브라Geogebra 같은 컴퓨터 프로그램을 사용하면, 컴퓨터 위에서 자유자재로 작도를 해낼 수 있습니다. 이 프로그램들에는 작도 기능뿐 아니라 많은 부가적인 기능들이 있어서 수학을 배우는 데 유용합니다.

기본적인 도형의 작도법을 알아보겠습니다.

수선

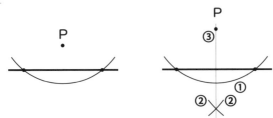

① 임의의 직선 위쪽에 한 점 p를 잡아 컴퍼스의 침을 꽂고 직선 과 두 점에서 만나도록 적당한 길이로 원의 일부분을 그립니다.

② 선분과 만나는 두 점에서 번갈아 가면서 동일한 길이로 한 점 에서 만나도록 원의 일부분을 그립니다.

③ 이 점과 점 P를 이으면 주어진 직선에 수직인 직선이 됩니다.

수직이등분선

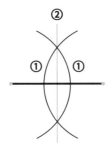

① 이등분하려는 선분의 양 끝점에서 번갈아 가면서 동일한 길 이로 서로 두 점에서 만나도록 원의 일부분을 그립니다.

② 두 점을 이으면 주어진 선분을 수직이등분하는 직선이 됩니다.

각의 이등분

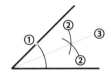

① 이등분하려는 각을 이루는 두 반직선의 끝점에 컴퍼스의 침을 꽂고 적당한 길이로 원의 일부분을 그립니다.

② 반직선과 만나는 두 점에서 번갈아 가면서 같은 길이로 원의 일부분을 그려 서로 만나는 점을 구합니다.

③ 이 점과 반직선의 끝점을 연결해서 반직선을 그으면 주어진 각을 이등분합니다.

직각의 3등분선

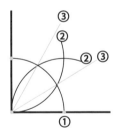

① 서로 직각인 반직선의 끝점에 컴퍼스의 침을 꽂고 적당한 길이로 원의 $\frac{1}{4}$ 부분을 그립니다.

② 이 원이 반직선과 만나는 두 점에서 번갈아 가면서 이 점과

반직선의 끝점까지의 길이로 원의 일부분을 그립니다.

③ 이 원이 ①에서 그린 원과 만나는 두 점에서 각각 주어진 직각을 잇는 반직선을 그립니다. 이 두 반직선이 직각을 3등분하는 선이 됩니다.

널리 알려진 대로 직각을 제외한 $90°$보다 작은 임의의 각은 3등분의 작도가 불가능합니다.

크기가 같은 각

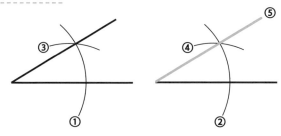

① 주어진 각을 이루는 반직선의 끝점에서 임의의 크기로 원의 일부분을 그린 뒤,

② 이 각과 같은 크기의 각을 그리려는 새로운 반직선의 한 끝점에서 같은 크기로 원의 일부분을 그립니다.

③ 주어진 각에서 두 반직선과 ①에서 그린 원이 만나는 두 점 사이의 길이를 컴퍼스로 재서,

④ 그 크기만큼 ②에서 그린 원과 반직선이 만나는 점에서 다시

원의 일부분을 그려서 ②에서 그린 원과 만나는 점을 구합니다.

⑤ 이 점과 반직선의 끝점을 반직선으로 연결하면 주어진 각과 같은 크기의 각이 만들어집니다.

평행선

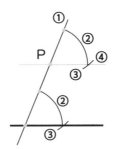

① 임의의 직선에 임의의 각으로 직선을 긋고, 그 직선 위에 임의의 점 P를 찍습니다.

② 주어진 직선과 새로 그은 직선이 만나는 점에 컴퍼스의 침을 꽂고 적당한 크기로 원의 일부분을 그리고, 점 P에서도 같은 크기로 원의 일부분을 그려 줍니다.

③ 새로 그은 직선과 원의 일부분이 만나는 점에 컴퍼스의 침을 꽂고 처음 주어진 직선과 처음 그린 원의 일부분이 만나는 점까지의 길이를 재서,

④ 그 길이만큼으로 ①에서 그은 직선과 ②에서 P를 중심으로 그린 원이 만나는 점에서 원의 일부분을 그려서, P를 중심으

로 그린 원과 만나는 점을 구합니다.

⑤ 이 점과 점 P를 연결하는 직선을 그리면 원래의 직선과 평행이 됩니다.

선분의 3등분(n등분)

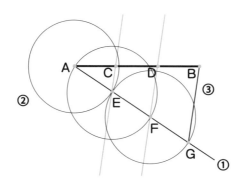

① 주어진 선분의 한 끝점(A)에서 임의의 길이로 보조적인 직선을 그려줍니다.

② 그리고 이 점에서 적당한 크기의 원을 그린 뒤, 이 원과 ①에서 그은 직선이 만나는 점(E)에서 다시 같은 크기로 원을 그려 나가서, 같은 크기의 원 3개를 연달아 그립니다. 그러면 각각의 원과 직선이 만나는 점 사이의 거리가 모두 같으므로, 점 E와 점 F는 선분 AG를 3등분합니다.

③ 이제 원래 선분의 다른 끝점(B)과 세번째 원을 그려 구한 점 G를 연결합니다.

④ ③에서 그은 직선과 평행하도록 점 F를 지나는 직선과 점 E를 지나는 직선을 그어, 원래의 선분과 만나는 점 D와 점 C를 구합니다. 그러면 점 C와 점 D는 원래의 선분 AB를 3등분합니다.

같은 방법으로 ②에서 크기가 같은 원을 n개 그리면 n등분점을 찾을 수 있으므로, 어떤 선분이든 n등분의 작도가 가능합니다.

수의 합과 차, 곱과 몫

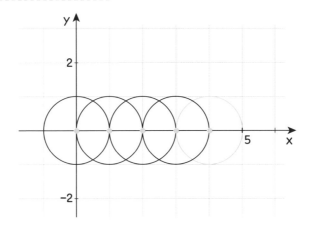

원의 반지름을 단위 길이인 1이라고 하면, 위와 같이 주어진 수만큼의 원을 이어 그리면 그 수만큼의 길이를 나타낼 수 있습니다. 이를 응용하면 두 정수의 합과 차의 길이도 구할 수 있습니다. 그리고 닮음비를 이용하면, 다음과 같이 두 수의 곱과 몫의 길이도 구할 수 있습니다.

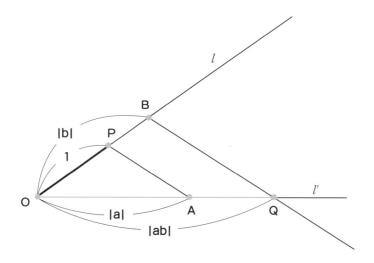

① 먼저 임의의 직선 *l*과 *l'*이 만나는 점 O에서 일정한 단위 길
이로 직선 *l* 위에 점 P를 잡습니다.

② 단위 길이인 선분 OP의 길이를 a배 한 만큼의 길이로 직선 *l'*
위에 점 A를 잡아 P와 연결해서 삼각형 OAP를 만듭니다.

③ 이번에는 선분 OP의 길이를 b배 한 만큼의 길이로 직선 *l* 위
에 점 B를 잡고, 점 B를 지나면서 선분 AP에 평행한 직선을
그어 직선 *l'*와 만나는 점 Q를 구합니다.

이때 삼각형 OQB는 삼각형 OAP와 닮음이므로 OP : OA =
OB : OQ이고 따라서 선분 OQ의 길이는 OA의 길이(a)와 OB의
길이(b)를 곱한 ab입니다. 같은 원리로 다음 그림과 같이 나눗셈도
작도할 수 있습니다.

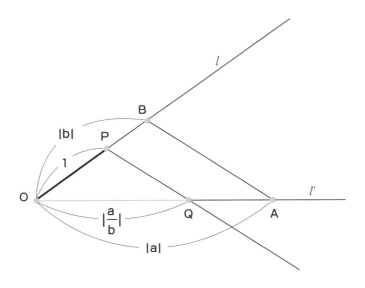

① 곱셈과 마찬가지 방법으로 P, A, B를 잡아 삼각형 OAB를 그
   립니다.

② 점 P를 지나면서 선분 AB에 평행한 직선을 그어 점 Q를 구
   합니다.

삼각형 OAB와 OQP는 닮음이 되어, OP : OQ = OB : OA이
므로, OQ의 길이는 OA의 길이(a)를 OB의 길이(b)로 나눈 몫 $\frac{a}{b}$
가 됩니다. 따라서 정수뿐 아니라 유리수도 작도가 가능합니다.

나아가 무리수도 작도할 수 있습니다.

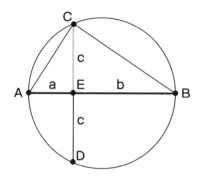

① 먼저 a+b 길이의 선분 AB를 그리고 점 A에서 a만큼의 길이로 점 E를 잡습니다.

② 선분 AB의 중점을 잡아서(앞에서 설명한 수직이등분선 또는 직선의 2등분 작도법을 이용합니다), AB를 지름으로 하는 원을 그립니다.

③ 점 E를 지나면서 선분 AB에 수직인 직선을 그려서, ②에서 그린 원과 만나는 점 C와 D를 구합니다. 이때 선분 CE의 길이를 c라고 합니다.

각 ACB가 직각이고(지름의 원주각) 각 CEA와 각 CEB도 모두 직각이므로, 각 ACE와 각 CBE은 크기가 같고, 삼각형 ACE와 삼각형 CBE도 닮음(AA닮음)입니다. 따라서 a : c = c : b이므로, $c^2 = ab$에서 $c = \sqrt{ab}$가 되어 무리수를 작도할 수 있습니다.

삼각형의 등적 변형

저는 10년 전쯤, 일본과 태국에서 APEC의 지원을 받아 수행한 수학 수업연구Lesson Study에 참여한 적이 있습니다. 그때 중학교 1학년 수학 수업에서 사용했던 소재를 다음과 같이 소개합니다.

갑과 을이 그림과 같이 경계가 구부러진 땅을 가지고 있습니다. 갑과 을 어느 쪽도 손해를 보지 않고 경계를 직선으로 만들려고 합니다. 어떻게 하면 될까요?

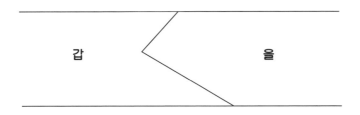

삼각형의 꼭짓점을 밑변에 평행한 평행선 위에서 움직일 때 삼각형의 넓이는 일정하다는 사실을 이용할 수 있습니다. 즉 아래 그림에서 삼각형 A, B, C의 넓이는 모두 같습니다.

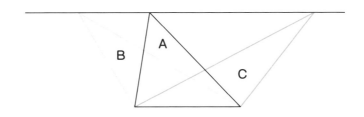

이 원리를 이 문제에 적용하면, 아래 그림과 같이 선분 AC를 밑변으로 하는 삼각형 ABC에서 꼭짓점 B를 선분 AB에 평행한 직선을 따라 D 지점으로 옮겨도, 삼각형 ABC와 삼각형 ADC의 넓이는 다르지 않습니다. 따라서 선분 AD를 경계로 하면 어느 쪽도 손해를 보지 않습니다.

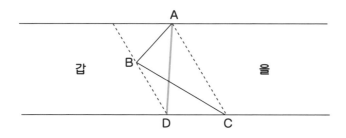

이를 좀더 확장하면 다음과 같은 문제로 나아갈 수 있습니다.

다음 오각형과 넓이가 같은 삼각형을 작도해 보시기 바랍니다.

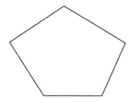

이 문제 역시 삼각형의 등적 변형을 활용하면 해결할 수 있습니다. 다음 그림에서 삼각형 ABC와 삼각형 AFC의 넓이는 같습니다. 반대쪽도 마찬가지로 넓이가 같게(등적) 변형을 할 수 있으므로, 결국 주어진 오각형과 넓이가 같은 삼각형 AFG를 작도할 수 있습니다.

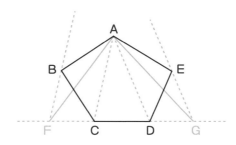

다음은 수학 퍼즐을 다루는 책이나 인터넷 사이트에서 자주 볼 수 있는 문제입니다.

아래 그림의 A지점에서 B지점까지 가려고 하는데 가는 도중에 강가에서 물을 담아 가야 합니다. 어느 지점에서 물을 담을 때 움직이는 거리가 최소가 될까요?

이 문제는 다음과 같이 생각해 보면 됩니다. 그림과 같이 점 A를 지나고 강변에 수직인 직선을 그어 강과 만나는 점을 P라 하면, 선분 AP의 길이와 선분 A′P의 길이가 같도록 점 A′를 잡습니다. 선분 A′B가 강과 만나는 점을 C라 하면, 직각삼각형 APC와 직각삼각형 A′PC은 합동이고(SAS합동), 선분 AC와 선분 A′C의 길이도 같습니다. 그런데 A′에서 B에 이르는 최단거리는 A′B이므로 A에서 C를 거쳐 B로 가는 것이 최단 거리가 됩니다.

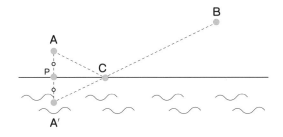

이처럼 수학적인 아이디어를 활용하면, 감으로만이 아니라 정확한 계산에 따라 최적의 결정을 하는 데 도움을 받을 수 있습니다.

흔히 쓰이는 수학 용어들의
진짜 의미

자신의 생각을 표현할 때는 어떤 말로 표현을 하느냐가 중요합니다. 정확한 의미의 용어를 사용해야 하는 것은, 서로가 지칭하는 것이 같아야 원활한 의사소통을 할 수 있기 때문입니다. 물론 완전히 똑같이 보거나 생각할 수는 없기 때문에, 여기에서 '같다'는 것도 인식론적으로 복잡하게 논의해야 하는 주제이기는 합니다. 수학에서도 용어를 정확히 사용하는 것이 중요합니다. 초등학교 1학년 때부터 수학을 배우면서 꾸준히 온갖 수학 용어들을 만나게 됩니다. 그런데 수학 용어 중에는 의미를 적절하게 떠올리기 쉽지 않은 용어들이 있습니다. 여기에서 다루게 될 몇 가지 용어들도 대부분은 이미 다 배웠던 것들이겠지만, 다시 읽어보면 새롭게 깨우치게 되는 내용도 있을 것이고 자녀들의 수학 지도에도 도움을 줄 수 있을 것입니다.

분수의 종류

분수를 나타내는 기초적인 표현이나 크기 등 성질에 대해서는 초등학교 3학년부터 배우기 시작하지만, 분수의 종류에 대한 용어는 초등학교 4학년 때 배우게 됩니다. 분수의 종류에는 어떤 것들이 있을까요? 일반적으로 진분수, 가분수, 대분수로 나눕니다. 그런데 이 용어를 누구나 잘 알고는 있겠지만, 좀더 정확하게 짚어보도록 하겠습니다.

① 진분수眞分數: 진분수는 분자의 크기가 분모보다 작은 분수입니다. 진분수라고 명명한 것은 아마도 '참 진眞' 자를 써서 진짜 분수라는 의미를 나타내기 위해서일 것입니다. 분수는 일반적으로 1보다 작은 크기를 나타내는 것이라고 생각했던 것 같습니다. 영어로도 proper fraction('적절한 분수'라는 뜻)이고, 북한에서는 '참분수'라고 합니다.

② 가분수假分數: 가분수는 분자의 크기가 분모와 같거나 큰 분수를 말합니다. 가분수는 '거짓 가假' 자를 써서 거짓 분수라는 의미를 나타내고 있습니다. 영어로도 improper fraction('적절하지 않은 분수'라는 뜻)입니다. 북한에서는 분모와 분자가 바뀐 형태라는 뜻을 담아 '거꿀분수'라고 합니다. 흔히 알고 있듯 분자가 분모보다 큰 분수뿐 아니라, 분모와 분자가 같은 $\frac{3}{3}$과 같은 경우도 가분수입니다.

③ 대분수帶分數: 대분수는 자연수 부분과 진분수로 이루어진 분

수를 말합니다. 대분수에서 '대'를 '큰 대大'로 오해하시는 분들이 많으실 텐데, 실은 '띠 대帶'입니다. 아마도 자연수 옆에 진분수를 달고 있어서 이런 이름이 붙었을 것입니다. 이런 뜻을 살려 북한에서는 '데림분수'라고 하는데, 데리고 다닌다는 재미있고도 쉬운 용어입니다. 영어로는 mixed fraction('혼합분수'라는 뜻)인데, 어린 아이들에게는 오히려 더 이해하기 쉬운 표현일 수 있습니다. 그래서 몇몇 학자들은 혼분수混分數라는 용어를 추천하기도 합니다.

여각과 보각

수학 용어 중에 흔히 혼동하기 쉬운 것이 여각餘角, complementary angle과 보각補角, supplementary angle입니다. 아래 그림처럼 여각은 원래 각과 더해서 90°를 이루는 각이고 보각은 180°를 이루는 각이라는 뜻이지만, 한자어든 영어든 단어의 뜻만으로 짐작해서는 구별해 내기가 쉽지 않기 때문에 배울 때는 구분이 돼도 시간이 지나면서 서로 뒤바뀌어 이해되기도 합니다.

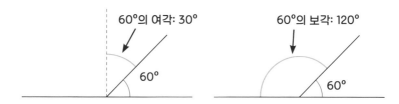

60°의 여각: 30°

60°

60°의 보각: 120°

60°

사실 '남을 여餘'는 남는다는 뜻에서 '채워서 보충한다'는 뜻을 아우르고 '기울 보補'는 옷이 터진 것을 기운다는 뜻에서 '덧붙여 보탠다'는 뜻을 아우르고 있으며 영어 표현도 서로 의미가 비슷하니 그럴 만도 합니다. 저는 영어로 표현할 때는 알파벳 순서를 따져서 먼저 오는 complementary가 90°에 대한 상대각이고 나중에 오는 supplementary가 180°에 대한 상대각이라고 기억하면서, 우리말은 영어와 순서가 반대라고 기억하는 방법을 사용합니다.

삼각형

삼각형은 '3개의 선분(변)으로 둘러싸인 도형'을 말하는데, 이름은 각을 기준으로 삼각형三角形이라고 합니다. 그래서 일부 학자들은 삼변형三邊形이라고 부르는 것이 바람직하다고 주장하기도 합니다. 이렇게 용어의 의미와 정의가 걸맞지 않은 다른 예로는 등변사다리꼴이 있습니다. 용어의 의미는 '한 쌍의 대변의 길이가 같은 사다리꼴'로 정의하지 않고, '한 쌍의 평행한 대변 중 하나의 양 밑각이 같은 사다리꼴'로 정의합니다. 이 경우에도 '등각사다리꼴'이라고 부르는 것이 본래의 의미에서 볼 때는 더 나을 수도 있을 것입니다.

다음 그림과 같이, 삼각형에서 아래쪽에 있는 변을 '밑변', 밑변의 양쪽에 있는 각을 '밑각'이라고 하고, 변과 변이 만나는 점을 '꼭짓점', 특별히 밑변과 마주보는 각을 '꼭짓각'이라고 합니다. 이등변삼각형의 경우 두 밑각의 크기가 같게 됩니다.

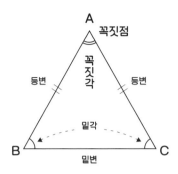

그런데 아래와 같이 삼각형이 뒤집어져 있으면 어느 변이 '밑변'일까요? 일반적으로는 삼각형을 그릴 때 아래쪽에 있는 변을 바닥에 평행하게 그리기 때문에 고민 없이 밑에 놓여 있다는 의미로 밑변이라고 하는데, 이 경우에는 뭐라고 해야 할지 누구나 혼동이 될 수 있을 것입니다.

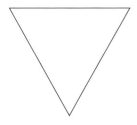

하지만 사실 밑변은 밑에 놓여 있는 변이라는 의미가 아닙니다. 영어로는 base(기준)라고 합니다. 그래서 우리도 의미가 모호한 '밑변' 대신에 '기준변'이라고 하는 것이 더 정확할 것입니다. 그런데 수학 용어라는 것이 마음대로 바꿀 수 있는 것은 아니므로, 혼동되는 수학 용어라도 일단은 그대로 사용하는 수밖에 없습니다.

각뿔과 각기둥의 구성 요소

일반적으로 각뿔은, 바닥은 다각형 모양이고 위에는 여러 모서리가 한 점에서 모이는 모양을 말합니다. 각뿔이 놓여 있는 위치에 따라, 밑에 있으면 밑면이고 옆에 있으면 옆면이라고 생각하기 쉽지만 수학에서 말하는 '밑면'은 삼각형 모양의 옆면들이 만나는 다각형 면을 말합니다. 예를 들어 사각뿔에서 밑면은 하나밖에 없습니다. 다만 유일하게 삼각뿔만은 어느 면이든 밑면이 될 수 있습니다. 각뿔에서 밑면이 중요한 것은, 바로 이 밑면이 각뿔의 이름을 결정하기 때문입니다. 밑면이 삼각형이면 삼각뿔, 사각형이면 사각뿔, 오각형이면 오각뿔이 됩니다. 물론 밑면이 원이면 원뿔이 됩니다.

각뿔 각 부분의 구성 요소를 보면 다음과 같습니다.

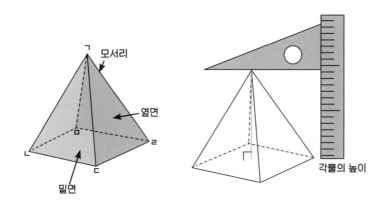

그런데 '책상의 모서리'라고 할 때처럼, 일상에서 모서리라는 말은 '물건의 귀퉁이에 모가 난 부분'을 말하는 경우가 많습니다. 하지

만 수학 용어로 이것은 '모서리'가 아니라 '꼭짓점'입니다. 수학에서 모서리는 입체도형에서 '면과 면이 만나는 선분'을 뜻합니다. 꼭짓점은 '모서리와 모서리가 만나는 점'을 뜻합니다. '꼭지점'으로 배우신 분들도 있는데, 사이시옷을 넣은 '꼭짓점'이 올바른 표기입니다.

각뿔의 높이는 밑면에서 각뿔의 꼭짓점까지의 수직거리를 말합니다. 아래 그림과 같이, 각뿔에서 밑면과 마주보는 꼭짓점을 특별히 '각뿔의 꼭짓점'이라고 합니다. 예를 들어 사각뿔에서 꼭짓점의 개수는 5개이고, 꼭짓점 중에도 옆면을 이루는 모든 삼각형이 만나는 점인 '사각뿔의 꼭짓점'의 개수는 1개뿐라는 데 주의해야 합니다.

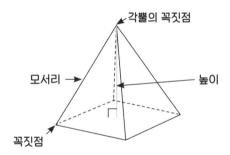

각기둥의 경우에는 다음 그림과 같이 크기와 모양이 같고 평행하게 놓인 다각형 한 쌍이 밑면이 됩니다. 여기에도 예외가 있는데, 사각기둥은 세 쌍의 마주보는 사각형이 모두 밑면이 될 수 있습니다. 각기둥도 밑면의 모양에 따라서 이름이 결정되며 따라서 밑면이 원이면 원기둥입니다.

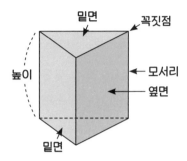

밑면　꼭짓점

높이　모서리

옆면

밑면

　　초등학교에서는 다루지 않고 중학교부터 배우는 도형이지만, 각
뿔이나 원뿔을 밑면에 평행하게 잘라서 만든 도형을 각각 각뿔대와
원뿔대라고 합니다. 따라서 각(원)뿔대는 각(원)기둥과는 달리 밑면
이 1개입니다. 평행하게 놓여 서로 마주보는 같은 모양의 다각형 한
쌍 중 크기가 더 큰 쪽이 밑면입니다.

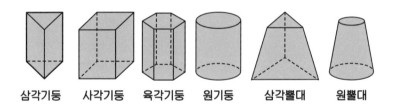

삼각기둥　　사각기둥　　육각기둥　　원기둥　　삼각뿔대　　원뿔대

　　각기둥이나 각뿔, 다면체 등의 입체도형에서 꼭짓점, 면, 모서리
의 개수들 사이에는 일정한 관계가 있습니다. 이 관계를 나타낸 오
일러 공식은 다음과 같습니다.

꼭짓점Vertex의 수 + 면Face의 수 − 모서리Edge의 수 = 2

각뿔	꼭짓점의 수	모서리의 수	면의 수	공식 적용
삼각뿔	3+1=4	3×2=6	3+1=4	4+4−6=2
사각뿔	4+1=5	4×2=8	4+1=5	5+5−8=2
오각뿔	5+1=6	5×2=10	5+1=6	6+6−10=2
육각뿔	6+1=7	6×2=12	6+1=7	7+7−12=2

여러 가지 그래프

① 줄기잎그림

예전에 수학을 배운 어른들은 줄기잎그림Stem-and-Leaf Plot을 학교에서 배운 경험이 없을 것입니다. 최근에 초등학교 교과서에서 다루기 시작했다가 현재 교육과정에서는 중학교 과정으로 넘어가면서 빠져 있는 그래프의 한 형태입니다.

멀리 뛰기 기록

(단위: cm)

줄기	잎
15	0 2 3 6
16	3 4 5 5 5 6 9
17	0 1 2 2 5
18	0 1 2

다양한 분포를 나타내는 키, 몸무게, 달리기 기록, 한 학년 학생들의 수학성적, 연봉, 야구 선수의 타율, 우리나라 소나무의 크기 등을 측정한 값들에서 일의 자리를 제외한 나머지 수를 '줄기'로, 일의

자리를 '잎'으로 나눠서 기록한 것입니다. 예를 들어 위의 줄기잎그림은 측정값이 150, 152, 153, 156(맨 윗줄)부터 180, 181, 182(맨 아랫줄)까지 다양하게 분포한다는 뜻입니다. 이 그래프를 사용하면 여러 측정값들의 분포가 곧바로 눈에 들어온다는 점에서 유용합니다. 위의 그래프에서도 드러나듯, 우리가 일상생활에서 특정할 수 있는 대부분의 특정값들은 가운데 부분이 볼록한 정상분포 모양을 나타냅니다.

② 상자수염그림

상자수염그림Box-and-Whisker Plot 또는 상자도표Box Plot 는 수학에서 본격적으로 사용하는 경우는 많지 않지만, 집단의 특성을 한눈에 알 수 있는 여러 정보를 간단하게 표현할 수 있다는 이점 때문에 의학

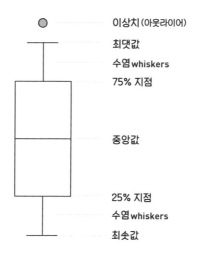

이상치 (아웃라이어)
최댓값
수염whiskers
75% 지점

중앙값

25% 지점
수염whiskers
최솟값

이나 생물학 분야 등의 연구에서 많이 사용됩니다. 상자도표가 표현하는 정보들은 그림과 같습니다. 특히 가운데 직사각형의 가로선이 평균값이 아닌 중앙값임에 유의해야 합니다.

③ 나이팅게일 장미 그래프

간호사의 대명사로 여겨지는 플로렌스 나이팅게일Nightingale이 통계학에도 조예가 깊었다는 것은 잘 알려지지 않은 사실입니다. 크리미아전쟁에 참전해서 활약했던 나이팅게일은 전투로 인한 직접적인 사망자보다 병원에서의 2차 감염으로 인한 사망자가 더 많다는 사실을 알게 되었고, 이를 시각화하기 위해 다음 쪽의 그림과 같은 모양의 그래프[6]를 고안했습니다. 이것을 장미 모양과 비슷하다고 해서 장미 그래프Rose Chart/Rose Diagram, 또는 극지방의 지도처럼 생겼다고 해서 극지방 그래프Polar Area Chart라고 합니다.

피자 조각처럼 생긴 이 도표는 시계 방향으로 한 조각씩이 한 달 단위의 사망자 통계를 나타냅니다. 그리고 같은 조각 안에서도 세 가지 색으로 사망 원인을 구별하는데, 안쪽의 옅은 색은 전투에서 직접적으로 부상을 입어 사망한 경우, 바깥쪽의 중간 색은 병원 내의 전염병으로 사망한 경우, 가운데 짙은 색은 그 외의 원인으로 사망한 경우를 나타냅니다. 이 도표를 보면 1855년보다 1854년을 나타낸 부분의 넓이가 더 넓으므로 1854년에 더 많은 사람들이 사망했다는 것을 알 수 있으며, 월별 통계를 통해 1854년은 사망자가

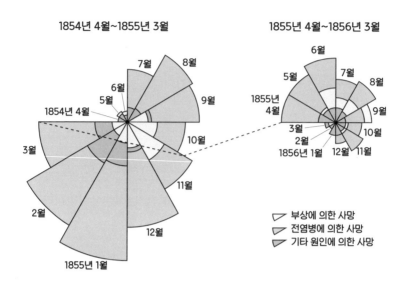

1854년 4월~1855년 3월

1855년 4월~1856년 3월

7월 8월
6월
5월
1854년 4월
9월
3월
10월
11월
2월
12월
1855년 1월

6월
5월
7월
1855년 4월
8월
3월
9월
2월
10월
1856년 1월 12월 11월

▷ 부상에 의한 사망
▷ 전염병에 의한 사망
▷ 기타 원인에 의한 사망

점차 늘어났지만 1855년은 사망자가 점차 줄어들었다는 것도 쉽게 알 수 있습니다. 즉 이 도표는 사망 원인의 분포는 물론 시간의 경과에 따른 변화까지 하나의 도표에 나타내고 있습니다. 이를 바탕으로 나이팅게일은 조명이나 환기 시설 등 병원 시설의 개선을 통해 사망자를 줄일 수 있다고 주장했고, 실제로 이를 통해 42퍼센트에 이르던 사망률을 2퍼센트 이내로 획기적으로 줄였다고 합니다. 나이팅게일은 이 공로를 인정받아 1859년에 여성 최초로 영국 왕립통계학회의 회원이 되기도 했습니다.

이와 같이 통계적 사실을 적절한 도표로 나타내는 것은, 데이터를 간결하게 표현함으로써 다른 사람들을 설득하는 데 유용합니다. 또한 나이팅게일처럼 수학적인 아이디어를 잘 표현하는 능력으로 인간의 생명을 구하는 데 기여할 수도 있습니다. 세상을 잘 이해하기 위해 수학적인 능력을 기르는 데서 한 발 더 나아가, 세상을 개선하기 위해서 수학적인 아이디어를 적절하게 표현하는 능력도 잘 길러 가야 할 것입니다.

필요조건, 충분조건, 필요충분조건

고등학교 시절 '필요조건, 충분조건, 필요충분조건'을 배웠던 것을 기억하시는 분들이라도 막상 이를 구별하려고 하면 다소 혼동스러운 분들이 적지 않을 것입니다. 이 용어들의 정의는 다음과 같습니다.

명제 $p \Rightarrow q$가 참일 때,
p는 q이기 위한 충분조건, q는 p이기 위한 필요조건이고,

만약 $p \Rightarrow q$, $q \Rightarrow p$가 모두 참이면,
p와 q는 동치($p \Leftrightarrow q$)가 되며 필요충분조건이다.

예를 들어 "개는 동물이다"라는 명제에서, 개는 동물이기 위한 충분조건(개이기만 하면 동물이 되기 위한 조건으로 충분함)이고, 동물은 개이기 위한 필요조건(개이기 위해서는 동물이어야 한다는 조건이 필요함)이 됩니다. 또한 P(개) $\Rightarrow$ Q(동물)을 집합으로 나타내면 다음 그림과 같이 P $\subset$ Q, 즉 P가 Q의 부분집합이 됩니다.

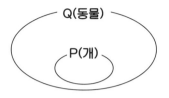

수학에서 두 집합이 같다는 것을 증명할 때는 필요충분조건if and only if을 만족하는지 알아보면 됩니다. 즉 A ⊂ B를 증명한 뒤에 다시 A ⊃ B를 증명해서, A와 B가 서로의 부분집합이라는 것을 보여주면 A=B가 증명됩니다.

북한의 수학 용어

자연수와 구분되는 소수小數, decimal number와 1과 자신만을 약수로 갖는 수인 소수素數, prime number는 한글 표기가 같아서 맥락을 잘 살피지 않으면 혼동되기 쉽습니다. 한자의 의미로 보면 앞의 것은 '작은 수'라는 뜻이고 뒤의 것은 '근본이 되는 수'라는 뜻입니다. 예전에는 뒤의 것을 '솟수'라고 표기해서 구별했는데, 지금은 똑같이 소수라고 쓰도록 하면서 혼동될 가능성이 커진 것입니다. 그런데 북한에서는 소수素數를 '씨수'라고 씁니다. 농작물의 근원이 씨인 것처럼 수의 근본이라는 의미를 잘 담고 있습니다.

이처럼 북한에서는 대체로 한자말보다는 순우리말로 수학 용어를 표현하는 경우가 많아서, 수학을 배울 때 직관적으로 이해하기가 수월합니다. 앞으로 통일을 대비해서라도 남북한의 수학 용어에 대한 비교 연구나 교과서 용어의 정비 작업 등을 지속적으로 해 나갈 필요가 있습니다. 남북한에서 서로 다른 수학 용어를 쓰는 예를 더 살펴보면 다음과 같습니다.

남한 수학용어	북한 수학용어	남한 수학용어	북한 수학용어
교점	사귄 점	해집합	풀이 모임
검산	뒤셈	반비례	거꿀비례
등식	같기식	중점	가운데점
부등식	안같기식	예각	뾰족각
꼭짓점	정점(꼭두점)	둔각	무딘각
대입하다	갈아넣다	보각	보탬각
집합	모임	맞꼭지각	맞문각
교환법칙	바꿀법칙	치역	값모임
결합법칙	묶음법칙	기울기	방향곁수
역산	거꿀법칙	대입법	갈아넣기
나누어떨어진다	완제된다(말끔나누임)	지수법칙	어깨수법칙
공집합	빈모임	만나지 않는다	사귀지 않는다
좌변	왼편	자취	자리길
우변	오른편	유효숫자	믿을 숫자
근호	뿌리기호	기약분수	다약분한 분수
중근	겹풀이	공비	공통비
여각	남은각	대우명제	거꿀반대명제
순서도	흐름도식	수형도	아지치기
꼬인위치에 있다	어긴다	초점	모임점
수열이 진동	수열이 떤다	무한등비급수	무한같은비수렬

수학 용어를 정확하게 이해한다는 것은 수학적인 개념의 정의를 바르게 이해하는 것과 같습니다. 그런데 앞에서 살펴본 것과 같이 '삼각형'이나 '등변사다리꼴'처럼 정의를 곧바로 떠올리기 어려운 용어도 있고, '모서리'처럼 일상적인 의미와 수학에서 사용하는 의미가 다른 용어도 있습니다. 수학자나 수학교육자들이 이에 대한 지속적인 연구를 통해 용어를 정비해 나가야겠지만, 당장 수학을 배우는 입장에서는 직관적으로 떠올릴 수 있는 의미와 수학적으로 정확히 정의된 의미의 차이에 주의를 기울여야 할 것입니다.

문제 해결에 최적화된 도구, 수학을 배운다는 것

수학을 배우는 많은 학생들이 "수학은 어려워요. 도대체 수학을 배워서 어디에 쓰는가요?"라는 불만의 목소리를 내는 경우가 많이 있습니다. 이런 말을 들을 때마다 대학에서 예비교사들에게 수학교육을 지도하는 저로서는 다시 한 번 책임감을 느끼게 됩니다. 많은 학생들이 수학을 왜 배우는지 자주 묻는 이유는 무엇인지, 또 이 물음에 어떻게 답을 하면 좋을지를 생각해 보도록 하겠습니다.

수학을 배울 필요가 없다고 생각하고 싫어하는 이유

많은 학생들은 물론 성인들 중에도 수학을 왜 배워야 하는지에 의문을 가지는 경우가 많습니다. 수학을 배울 필요가 없다고 생각하는 데는 여러 가지 이유가 있겠지만, 대략 다음과 같이 네 가지로 정리해 보았습니다. 수학 교과의 특성인 추상성, 학교에서 배우는 수학의 내용, 학생 시기에 수학을 배우면서 가지게 된 부정적인 경험, 시험이나 입시만을 위한 수학 공부 등을 꼽을 수 있습니다.

먼저 수학은 다른 교과와는 구별되는 특성이 있습니다. 바로 추상성을 바탕으로 한 학문이라는 것입니다. 그래서 눈으로 볼 수도 없고 만져 볼 수도 없습니다. 예를 들어 펜 두 자루를 들고 무슨 생각이 드는지 묻는다면, 여러 답변 중에 그저 눈에 보이는 대로 "펜이 두 자루가 있다"고 말하는 사람도 있을 것입니다. 그런데 이때 '둘'(또는 '2')이라는 것은 어디에 있나요? 손 안에 펜과 펜 사이에 있을까요? 2라는 것을 생각하려면, 펜 하나씩을 각각 한 단위씩으로 생각해서 $1+1=2$라는 조작을 머릿속에서 만들어낼 수 있어야 합니다. 이와 같이 초보적인 수학조차도 모두 머릿속에서 일어나는 추상적인 아이디어를 다룹니다. 그러니 이를 학생들에게 지도하는 것은 쉽지 않습니다. 그래서 추상적인 수학을 눈으로 볼 수 있도록 교구 등과 같은 구체적인 조작물을 사용해서 지도하기도 합니다. 유아의 수학 학습에 관심이 많았던 피아제Piaget의 발달 단계 구분에 따르면 대부분 '구체적 조작기'에 해당하는 초등학교 시기에는, 구체적인 조작 도구를 많이 사용해서 수학을 지도해야 합니다. 초등학교 3학년 1학기에 배우는 세 자리 수끼리의 덧셈을 예로 들면, 다음 그림과 같이 십진막대를 활용해 조작해 가면서 받아올림을 이해하도록 하는 것입니다. 그렇게 해도 이를 이해하는 데 어려움을 겪는 아이

132+129를 어떻게 계산하는지 알아봅시다.

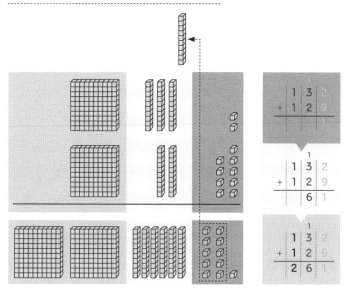

- 계산하는 방법을 말해 보세요.

들도 있습니다.

각 자리에 있는 수가 10 이상이 되면 하나의 묶음으로 만들어 바로 위의 자리로 올려 준다는 받아올림의 원리도, 결국 이를 배우는 학생들의 머릿속에서 이루어져야 하는 일입니다. 또 초등학교 고학년부터는 앞에서 배운 내용을 이용해서 논리적으로 추론하는 방법을 취하기 때문에 추상화의 단계가 더 높아집니다. 이처럼 머릿속에서 이루어져야 하는 수학적인 아이디어는 학습자의 입장에서 이해하기가 쉽지 않을 수 있습니다. 학생들은 고민하면서 이해하려고 시도하기보다는 이 어려운 수학을 왜 배우느냐고 불평을 하게 되는 것입니다.

두번째로, 현재 초·중·고등학교에서 배우는 수학의 내용 대부분이 대학입시를 비롯한 시험을 보기 위한 것이라는 데서 원인을 찾을 수 있습니다. 학교에서 지도해야 할 내용이 정해져 있으니 선생님들은 진도 나가기에 바쁩니다. 그리고 상대평가로 시험을 치러 줄을 세우다 보니 시험에 출제되는 내용 말고는 다른 것에 신경을 쓸 여유가 없는 것이 현실입니다. 학생들도 자신이 배우는 내용이 시험에 출제될 만한 것인지에만 신경을 쓰게 됩니다. 학생들이 흥미를 느낄 만한 실생활 문제나 다른 교과와 연계한 내용을 가지고 수업을 하고 싶어도, 시험에 출제되는 내용과 무관하면 학생들이나 다른 교사들이나 관심을 보이지 않습니다. 물론 이런 현상에 대해 학생이나 선생님들만을 탓할 수는 없습니다.

하지만 그래도 수학을 배우면서 수학적인 아이디어를 활용해서 규칙성을 발견하고 창의적인 아이디어를 내고 논리적인 추론을 이용해서 보다 간단히 문제를 해결하는 경험을 해 보도록 할 필요가 있습니다. 그래야 학생들이 "아, 이래서 수학을 배우는구나!"라고 스스로 깨달아 가면서 수학을 배울 수 있습니다. 현실적으로 매번 그럴 수는 없다 해도, 수학의 내용 안에 팝콘의 부피와 가격 사이의 관계, 나무의 높이를 직접 재지 않고 알 수 있는 방법, 유튜브의 구독자 수에 따른 수입 같은 실생활 속의 문제나 가장 맛있는 펀치(물에 타서 먹는 음료)를 만들 수 있는 재료의 배합 비율, 떡볶이에 넣는 양념의 비율과 맛의 관계, 태풍의 경로 예측 등 다른 교과와의 연계 내용 등을 도입해서 학생들이 삶에 직접적으로 의미 있는 수학적인 경험을 할 수 있도록 이끌어야 합니다.

셋째로, 수학을 배우면서 학생들이 가지게 된 부정적인 경험이 영향을 줄 수 있습니다. 수학 시간을 떠올려 보세요. 수학 시간에 겪었던 일 가운데 기억에 남는 좋은 경험은 그리 많지 않을 것입니다. 선생님의 지목을 받고 답을 하면서 두려웠거나 실패했던 경험, 수학 시험을 보면서 실수할까봐 긴장했던 경험 등 부정적인 경험들이 훨씬 많습니다. 수학 선생님들은 대부분 엄격하고 무서운 분이었다는 기억도 많을 것입니다. 여기에 덧붙여 과도하게 요구되는 수학 학습 시간도 부정적인 경험을 강화합니다. 아마도 고등학생이라면 공부하는 시간의 반 이상을 수학 공부에 할애할 것입니다.

수학과 과학 비교 연구로 유명한 TIMSS나 PISA와 같은 국제수학과학성취도 연구에 의하면, 우리나라 학생들의 수학 성취도는 이 연구에 참여한 50여 개 이상의 국가들 중에서 1~4위 정도의 좋은 성적을 일관되게 내 오고 있습니다. 그런데 "수학을 좋아하는지?" 또는 "수학을 배우는 것이 가치가 있다고 생각하는지?" 등과 같은 수학에 대한 정의情意적인 영역에 대한 조사 결과는 항상 거의 최하위를 보여주고 있습니다. 일본, 중국, 대만 등 대부분 동양권 나라의 학생들이 수학 성취도는 뛰어난 반면에 수학에 대한 흥미도가 낮습니다. 성취도가 최상위권인 싱가포르는 흥미도도 상대적으로 가장 긍정적입니다.

이렇게 된 원인도 여러 가지가 있겠지만, 과도한 공부의 양도 그중 하나일 수 있습니다. 어느 조사에 의하면 우리나라 학생들의 방과 후 공부 시간이 핀란드 학생들보다 약 세 배 가까이 더 많다고 합니다. 수학 공부를 많이 하는 것도 좋지만 과도한 공부 시간은 학생들이 수학을 싫어하게 하는 요인이 될 수 있습니다. 더 큰 문제는 우리나라의 학생들이 대학입시를 위한 수학 공부에만 몰두하는 사이에 선진국의 학생들은 운동이나 취미생활 등 현재와 미래의 삶의 질을 높이기 위한 활동을 한다는 것입니다. 사실 우리나라의 청소년들이 수학이나 과학 올림피아드에 나가서는 아주 우수한 성적을 올리고 있지만, 이들이 성인이 되어서는 기대한 만큼의 성과를 내고 있지는 못합니다. 단적인 예로 아직 우리나라에는 노벨상을 받은 과학자가 나오지 않고 있으며, 코로나19 팬데믹 상황에서 긴급하게 필요한 백신도 미국을 비롯한 과학 선진국들이 거의 독점적으로 만들고 있습니다. 최상위 수준의 학생들도 의대 등 자신이 원하는 대학에 진학하고 나면 번아웃(에너지 소진)이 돼서 열정이 많이 사라지기 때문에, 지속적이고 깊이 있는 연구를 계속해 가려면 더 많은 고민과 지원이 필요합니다.

다시 강조하지만 이것은 학생들의 문제가 아닙니다. 수학에서

성적을 강조하는 선생님이나 학부모들의 입시 수학에 대한 과도한 압박과 나아가 그런 분위기를 조장하는 입시제도나 사회 시스템의 영향이 크다고 봅니다. 단기적으로는 수학을 지도하는 선생님들이 수학 시간에 허용적인 분위기를 조성해서 학생들의 실수에도 관대하게 대하고, 불필요하게 과도한 문제풀이 연습을 요구하는 대신 학생들이 수학 문제를 해결하면서 수학의 논리성과 엄밀성 등에 희열감을 맛볼 수 있도록 이끌려는 노력이 필요합니다.

마지막으로, 수학을 배우는 이유가 입시를 비롯한 시험만을 위한 것이 되면서 짧은 시간에 많은 문제를 빨리 풀어 내는 것을 목표로 삼기 때문일 것입니다. 영어에 절대평가가 도입되면서 대학입시에서 당락을 결정하는 데 수학 점수가 가장 중요한 요인이 되었습니다. 대부분의 고등학교에서 수학은 변별도를 위해 많은 문제를 짧은 시간에 풀도록 하는 한편으로 아주 어려운 문항들을 포함시키고 있습니다. 이는 수능 시험에서 평균적인 학생들이 30문제를 다 푸는 데 아주 촉박한 시간이 주어질 뿐 아니라, 두어 문제는 수학을 잘하는 학생들도 풀기가 쉽지 않을 만큼 어렵게 출제를 해서 의도적으로 변별도를 높이려고 하기 때문입니다. 최상위권 대학이나 의대를 가려는 학생들은 이 문제들은 모두 풀어야 한다는 압박(이는 사교육을 받으라는 반강제적인 압박이기도 합니다)을 받게 되며, 수준과 상관없이 수능을 준비하는 모든 학생들이 수학 공부를 위해서 많은 시간을 할애할 수밖에 없는 것이 현실입니다. 이런 환경에서 학생들이 수학 공부를 시험에서 좋은 성적을 얻기 위한 것 이상으로 생각하기는 쉽지 않을 것입니다.

수학을 왜 배워야 하는가?

학생들이 선생님들께 "이 어려운 수학을 왜 배우나요?"라고 물어보면, 가게나 시장에 가서 물건의 값을 계산하는 데 필요하다고 답하기도 합니다. 하지만 곧바로 물건의 값이나 거스름돈은 계산기로 계산하면 되고 그 정도가 이 어려운 수학을 배우는 이유라면 굳이 배우지 않아도 될 거라는 반론에 부딪힐 것입니다. 사실 요즈음은 계산기를 두드릴 필요도 없이 물건을 계산대에 대기만 해도 바코드 등을 활용해서 자동으로 계산이 되기도 합니다. 그러니 이런 안이한 답변은 학생들의 물음에 납득이 될 만한 답변이 되지 않을 것입니다.

수학을 왜 배우는가라는 문제는 고대부터 제기되어 왔고, 다양한 설명들이 있었습니다. 필자 나름으로는 정신과 마음의 수련, 사고의 엔진, 현실 문제의 효율적인 해결 및 미리 해 볼 수 없는 것에 대한 예측, 깨달음과 행복한 삶을 위한 것 등으로 정리해 보았습니다.

첫째, 수학은 정신과 마음의 수련을 위한 것입니다. Mathematics의 어원은 그리스어 mathesis 또는 mathemata에서 유래했다고 하는데, 배움, 정신 수련, 마음의 이치나 도리 등을 의미한다고 합니다. 동양의 도교에서 공부를 하는 궁극적인 목적은 도道를 깨치는 것이라고 했던 것과 일맥상통합니다.

유클리드도 수학을 왜 배우느냐는 제자의 물음에 "너는 실용성이나 바라는 더러운 심성을 가진 놈"이라고 핀잔을 주었다는 일화가 있습니다. 18세기 초에 로크는 "수학은 인간의 정신 속에 추론의 습관을 정착시키는 방법을 단련"하는 것이라고 했고, 푸앵카레는 "마음을 경영하는 학문"이라고 했습니다. 수학은 그 자체로 이상IDEA을 실현하기 위한 것입니다. 맥스 테그마크Max Tegmark 같은 MIT의 과학자들은 수학은 궁극적으로 우주를 구성하는 것이라고 주장하기도 합니다.[1] 물질을 나누고 나누다 보면 결국 수만 남게 된다는 것입니다.

인간이 다른 동물들과 구별되는 특징은 끊임없이 새로운 것을 추구하고 자신이 누구인지 찾아가는 존재라는 점입니다. 수학을 배우는 것은 그 자체로 정신을 수련하고 이상적인 세계를 추구하는 인간의 심성과도 맞닿아 있습니다.

둘째, 수학은 모든 사고의 엔진입니다. 따라서 일정한 수준의 수학은 누구나 배워야 합니다. 실용성만을 따진다면 회계사나 프로그래머처럼 직접 수학을 활용하는 직업을 가질 것이 아니라면 수학을 배울 필요가 없다고 생각하기 쉽습니다. 하지만 수학은 어떤 학문에서든, 또한 생활 속에서도 참과 거짓을 구분하거나 비판적인 사고를 통해 최적의 결정을 하는 데 필수적입니다. 따라서 현명한 삶을 살아가기 위해서는 누구나 수학을 알아야 합니다.

예를 들어 토론을 잘 하기 위해서도 수학적인 논리가 필수적입니다. 상대방의 말에서 핵심을 짚어내고, 자신의 주장을 펴기 위한 논리를 정연하게 맞추고, 상대의 주장에 대해 효과적인 반박을 하려면 논리적인 사고가 필수적이기 때문입니다. 사실 일상에서 크고 작은 결정을 하면서 산다는 것은, 그 모든 결정의 저변에 수학적인 아이디어를 활용해 최적의 판단을 찾는 과정이 이루어지고 있다는 뜻입니다. 빠른 시간 안에 최적의 결정을 하는 데 필요한 통찰력이나 직관력도 평소에 축적한 수학적 아이디어로부터 얻어질 수 있는 것입니다.

셋째, 현실에서 문제를 효율적으로 해결하거나 해 보지 않았거나, 미리 해 볼 수는 없는 것을 예측하기 위해 수학이 필요하다는 데는 가장 많은 사람들이 쉽게 공감할 수 있을 것입니다. 요즈음은 인공지능을 기반으로 한 자동화 덕분에 인간들은 시간과 노동력을 절약할 수 있습니다. 아마도 몇 년 후면 완벽에 가까운 자율자동차를 더 안전하게 운행하는 일이 가능해질 것입니다. 인공지능을 장착한 자율주행 자동차는 운전 미숙이나 졸음운전으로 인한 자동차 사고의 위험으로부터 인간을 안전하게 보호할 것입니다. 자율 주행을 위한 많은 변수들을 계산하고 처리하는 프로그램을 만들려면 수학을 활용해야 합니다.

'코딩하는 공익'으로 유명해진 반병현 씨의 사례도 수학의 힘을 이용해서 일을 효율적으로 처리한 예입니다. 카이스트에서 바이오와 뇌공학을 전공한 반 씨가 공익요원으로 대구 안동노동지청에 근무할 때, 3900개가 넘는 등기 우편물의 등기번호 등을 우체국 사이트에 일일이 입력하라는 지시를 받았다고 합니다. 대략 6개월쯤 걸릴 만한 일이니 근무 기간 동안 그것만 하면 된다고 했는데 반 씨는 코딩을 활용해서 하루 만에 간단히 처리했다고 합니다. 물론 반 씨가 했던 코딩은 수학적인 아이디어를 활용해야 하는 것입니다.

이처럼 수학은 효율적으로 일을 처리할 수 있도록 합니다. 그리고 수학자, 통계학자, 데이터분석가, 프로그래머, 건축가, 미술가, 음악가, 바이오와 헬스 관련 생명공학자, 인공지능 설계 과학자 등의 직업에 직접적으로 활용되기도 합니다. 이들은 모든 수학과 연관성이 높은 직업입니다. 증권사의 애널리스트들도 많은 변수와 가중치 등을 포함한 알고리즘으로 증시를 분석합니다. 현재 JP모건, 골드먼삭스, 모건스탠리 등 투자회사들은 1000여 명이 넘는 수학자들을 동원해서 개발한 투자기법을 활용해 투자를 한다고 합니다.

또한 앞서 우주 비행사들이 우주선에 오를 수 있었던 것은 수학의 힘을 믿었기 때문이라는 예를 들었던 것처럼, 해 보지 않은 일이나 미리 해 볼 수 없는 일을 예측하도록 하는 데 수학의 가장 큰 힘이 있습니다. 최근의 예를 들면 저출산이 가져올 수 있는 사회 변화와 이로 인해 일어날 수 있는 사회 문제들을 인구 통계를 통해 예측하는 것도 수학입니다. 개인 차원에서라면 전공 선택을 위한 예견, 기업 차원에서라면 투자를 위한 예측, 나아가 국가나 전지구적으로는 미래의 기후 변화나 식량 문제도 수학의 도움을 받을 수 있습니다.

마지막으로, 수학은 우리가 깨달음을 얻어 행복한 삶을 살아 갈 수 있도록 합니다. 이 말은 대부분의 사람들에게 생소할 수 있습니다. 깨달음은 주로 종교의 영역으로 여겨지지만, 굳이 종교가 아니더라도 일반적으로 깨닫는다는 것은 사물이나 현상의 이치를 깨쳐서 그 원리를 이해한다는 뜻으로도 생각할 수 있습니다. 이 책의 초반부에서 소개한 것처럼, 법륜 스님 같은 분들은 깨달음이란 인과관계를 아는 것이라고 말합니다. 그런데 인과관계를 이해하려면 지속적인 훈련이 필요합니다. 그 훈련에 가장 효과적인 과목이 바로 수학입니다. 수학을 잘하게 되면 인과관계를 이해하는 데 도움이 되고, 이를 통해 좋지 않은 결과를 가져오는 원인이 될 일을 미리 조심해서 피할 수 있을 뿐 아니라 설령 결과가 좋지 않더라도 그럴 만한 원인이 이미 있었다는 사실을 받아들임으로써 마음의 평화를 얻고 보다 행복한 삶을 살아갈 수 있을 것입니다.

수학을 어떻게 배워야 하는가?

수학을 배우는 이유가 이렇다면 수학을 어떻게 배워야 할지 방향이 좀더 분명해질 것입니다. 이를 일정 시간의 노력과 시간의 필요, 제도의 개선, 수학을 보는 관점의 변화라는 세 가지 각도에서 정리해 보았습니다.

첫째, 수학을 잘하려면 일정 시간 동안의 노력과 그런 노력을 할 수 있는 충분한 시간이 반드시 필요합니다. 프톨레마이오스 2세가 기하학을 배우는 것이 너무 어려워 더 쉬운 방법이 없는지 물었을 때, 유클리드가 "기하학에는 왕도가 없습니다"라고 답했다는 유명한 일화가 있습니다. 기하학뿐 아니라 모든 분야의 수학을 잘하려면 일정 기간의 연습이 반드시 필요합니다. 학생들은 그 사실을 분명하게 알고 이 기간을 잘 견뎌야 합니다. 운동이 신체의 근육을 단련하는 것이라면 수학은 뇌의 근육을 단련하는 것입니다. 스케이트를 잘타는 김연아 선수도 엄청난 연습을 했을 것이고, 이세돌 9단이 알파고와 대결해 한 판을 이긴 것도 엄청난 시간 동안 연습을 한 결과일 것입니다. 수학도 마찬가지입니다. 수학을 잘하기 위해서는 일정한 반복과 연습이 필수적입니다.

둘째, 교육정책, 교육과정, 평가, 입시제도 등을 개선하고, 교과서도 교사들의 수업도 학생들의 호기심을 불러일으키는 방향으로 바뀌어야 합니다. 물론 교육정책, 교육과정, 입시제도 등은 여러 가지 이해관계가 얽혀 있는 문제로 이를 바꾸는 것이 쉽지는 않습니다. 그러나 지속적인 논의를 거쳐 보다 나은 방향으로 변화해 가야 할 필요를 부인할 수는 없습니다. 학교에서의 평가는 학생의 성장에 중심을 둔 과정 중심의 평가로 변화해야 하고, 수능 문제도 현재와 같은 선다형이 아닌 서술형으로 좀 더 여유를 가지고 치르도록 해야 합니다. 또는 미국의 SAT_{Scholastic Aptitude Test}와 같이 수능 문제의 난이도를 낮추고 더 필요한 분야에서는 AP_{Advanced Placement}와 같은 것으로 보완하도록 하는 방안도 있을 것입니다. 또한 교과서와 수업의 모든 내용까지는 아니더라도 억지로 문제를 풀어 보라는 것이 아니라 학생들 스스로 해결해 보고 싶어지도록 충분히 호기심을 자극하는 방향으로 조금씩 일부분이라도 개선해 나가야 합니다. 예를 들어 "학생회장 선거에서 이길 수 있는 필승전략은 무엇인가?" "지문의 종류와 성격 유형은 어떤 관련이 있는가?" 같은 문제들을 생각해 볼 수 있을 것입니다.

셋째, 수학을 보는 눈을 보다 넓고 깊게 가지도록 할 필요가 있습니다. 수학은 모든 패턴과 관련이 있습니다. 자연현상이든 사회현상이든 어디에서나 패턴을 발견할 수 있습니다. 수학과 가장 거리가 멀어 보이는 문학에서도 정형시에 리듬의 규칙이 있는 것처럼, 수학을 인문학과 연계하는 것은 얼마든지 가능합니다. 수학은 우리의 사고 엔진의 성능을 높이는 학문이고, 주어진 조건으로부터 추론해서 새로운 사실을 이끌어내는 학습을 통해 모든 분야에서 요구되는 논리적이고 합리적으로 사고하는 능력과 습관을 기를 수 있습니다. 수학이 입시를 비롯한 시험을 위한 교과라는 좁은 관점을 넘어 우리의 삶을 행복하게 하는 교과로 관점을 넓게 바꿀 필요가 있습니다.

수학을 얼마나 배워야 하는지 물어본다면, 고등학교 수준까지의 수학은 누구나 배워야 한다고 생각합니다. 수학은 생각의 깊이와 방향에 영향을 주기 때문입니다. 실제로 의학이나 공학 등 특정 분야에서는 수학을 잘하지 못하면 직업 선택에 제약이 있기도 하니 대학에서 어느 전공을 하느냐에 따라 그 이상의 수학이 필요할 수도 있겠지만, 수학이 꼭 직업에 직접 활용되는 것만은 아닙니다. 수학 학습을 도와주는 선생님이나 부모님들이 해야 할 일은 학생들이 스스로 흥미를 가지고 수학을 공부하도록 격려하는 것입니다. 이때 중요한 것은 학생의 적성을 발견해서 효과적인 방향을 찾는 것입니다. 수학을 잘할 수 있도록 격려할 수는 있지만, 무엇이든 당사자의 의사나 적성을 무시한 채 무리하게 강요를 해서는 안 된다는 것입니다. 무슨 공부든 스스로 재미를 느끼면서 주도적으로 할 수 있을 때 더 잘하게 되고 수학 공부도 예외가 아닙니다.

수학을 공부할 때는 한 문제라도 왜 그렇게 되는지 원리적으로 이해하도록 해야 합니다. 이렇게 하나씩 천천히 수학을 공부해 나가다 보면 어느새 수학 실력이 쌓여 복잡한 수학 문제도 척척 해결할 수 있게 됩니다. 느릿느릿 가는 거북이의 꾸준한 노력이 요령을 피는 토끼를 이길 수 있습니다. 여러분 그리고 여러분의 자녀들이 수학 공부에서 "Slow and steady wins the race(천천히 꾸준히 하면 경주에서 이김)"를 성취해내시기를 기원합니다.

● 주석 ●

여는 글

1. Vernon, M. D. (1947). Different types of perceptual ability. *British Journal of Psychology, 38*, 79~89.

1부 수학으로 몸 풀기

1. https://jjycjnmath.tistory.com/288?category=864489

2. Schoenfeld, A. H. (1992). Learning to think mathematically: Problem solving, metacognition, and sense making in mathematics. In D. A. Grouws (Ed.), *Handbook of research on mathematics teaching and learning: A project of the National Council of Teachers of Mathematics* (pp. 334~370). Macmillan Publishing Co, Inc.

3. Inaba, N., & Murakami, R. (2018). *The original area mazes*. New York: Paper Crane Agency & Paper Crane Editions.

4. http://www.squaring.net/

5. https://mathworld.wolfram.com/Dissection.html, http://www.gavin-theobald.uk/HTML/SquareEven.html

6. Laczkovich, M. (1988). *Von Neumann's paradox with translation*. Fund. Math. 131, 1~12.

2부 수학으로 생각하고 증명하기

1. Polya, G. (1957). *How to solve it: A new aspect of mathematical method*(2nd Edition). Princeton University Press.

2. Nelson, R. B. (ed.) (1993). *Proofs without words: Exercises in visual thinking*. The Mathematical Association of America.

3. Whitehead, A. N., & Russell, B. (1963). *Principia mathematica*. London: Cambridge University Press.

4. Travers, K. J., Pikaart, L. Suydam, M. N., & Runion, G. E. (1976). *Mathematics teaching*. New York: Harper & Row.

5. Ma, L. (1999). *Knowing and teaching elementary mathematics*. Mahwah, NJ: Lawrence Erlbaum Associates.

6. 신현용, 승영조 (2000).《초등학교 수학 이렇게 가르쳐라》. 서울: 승산. p.159.

7. 교육부 (2018).《초등학교 수학 6-2》. 서울: 천재교육. p.19.

3부 외우지 않고 수학 공식 이해하기

1. https://m.blog.naver.com/naverschool/220998347701

2. 왼쪽 사진은 https://www.flickr.com/photos/fdecomite/6417467423/in/photostream/, 오른쪽 사진은 https://en.wikipedia.org/wiki/File:ApollianGasketNested_2-20.svg

3. https://metro.co.uk/2009/12/17/the-worlds-biggest-art-work-is-a-circle-in-the-sand-628171/

4. https://m.blog.naver.com/mathfiend/220533499971

5. https://thatsmaths.com/2019/11/28/archimedes-and-the-volume-of-a-sphere/

4부 일상에서 수학의 원리 발견하기

1. Carl Sigmund-Mathematic on WordPress.com

2. https://theconversation.com/origami-mathematics-increasing-33968

3. https://www.mathsisfun.com/geometry/ tessellation.html

5부 내가 배운 수학 재미있게 알려주기

1. Shoenfeld, ibid.

2. Krutetskii, V. A. (1976). *The psychology of mathematical abilities in school children*. Chicago, IL University of Chicago Press. p. 350.

3. 박만구 (2018). 〈일반학생, 영재학생, 예비교사, 현직교사의 다전략 수학 문제

해결 전략 분석〉,《한국학교수학회논문집》, 21(4), 419~443.

4. Becker, J. P., & Shimada, S. (ed.) (1997). *The open-ended approach: A new proposal for teaching mathematics*. Reston, VA: National Council of Teachers of Mathematics.

5. 권오남, 방승진, 송상헌 (1999). 〈중학교 수학 영재아들의 다답형 문항 반응 특성에 관한 연구〉,《수학교육》, 38(1), 37~48.

6. 미국 국립 의학박물관 https://collections.nlm.nih.gov/catalog/nlm:nlmuid−101598842−img

맺는 글

1. Tegmark, M. (2014). *Our Mathematical Universe: My Quest for the Ultimate Nature of Reality*.

머릿속에 그림처럼 펼쳐지는 일상의 모든 수학 원리

보이는 수학책

1판 1쇄 발행 2022년 8월 24일
1판 3쇄 발행 2024년 6월 3일

지은이 박만구
펴낸이 고병욱

펴낸곳 청림출판(주)
등록 제2023-000081호

본사 04799 서울시 성동구 아차산로17길 49 1009, 1010호 청림출판(주)
제2사옥 10881 경기도 파주시 회동길 173 청림아트스페이스
전화 02-546-4341 **팩스** 02-546-8053

홈페이지 www.chungrim.com **이메일** cr2@chungrim.com
인스타그램 @chungrimbooks **블로그** blog.naver.com/chungrimpub
페이스북 www.facebook.com/chungrimpub

ISBN 979-11-5540-207-8 03410